艺术设计
BI DSG
ARTDESIGN

高等院校艺术学门类『十四五』系列教材

园林规划设计
YUANLIN GUIHUA SHEJI

主编 王植芳 张 思 袁伊旻

副主编 刘 洁 胡 俊 吴 苗 岳 丹 李小梅

参编 曾 艳 张辛阳 段丽娟 杨 静 齐 静

华中科技大学出版社
http://www.hustp.com
中国·武汉

图书在版编目(CIP)数据

园林规划设计/王植芳,张思,袁伊旻主编.—武汉：华中科技大学出版社,2022.6

ISBN 978-7-5680-8347-8

Ⅰ.①园… Ⅱ.①王… ②张… ③袁… Ⅲ.①园林-规划-教材 ②园林设计-教材 Ⅳ.①TU986

中国版本图书馆 CIP 数据核字(2022)第 096114 号

园林规划设计

王植芳　张　思　袁伊旻　主编

Yuanlin Guihua Sheji

策划编辑：袁　冲

责任编辑：李曜男

封面设计：孢　子

责任监印：朱　玢

出版发行：华中科技大学出版社(中国·武汉)　　电话：(027)81321913

　　　　　武汉市东湖新技术开发区华工科技园　　邮编：430223

录　　排：武汉创易图文工作室

印　　刷：武汉市籍缘印刷厂

开　　本：880 mm×1230 mm　1/16

印　　张：10

字　　数：320 千字

版　　次：2022 年 6 月第 1 版第 1 次印刷

定　　价：38.00 元

前言
Preface

　　本书根据高等教育学校园林规划设计课程教学要求编写而成。园林规划设计课程为园林、风景园林专业本科学生的专业核心课程,涵盖了学生未来从事设计行业的最基本、最主要的专业能力与素质培养的核心内容,是园林专业最重要的专业课程。园林规划设计课程可以帮助同学们建立正确的园林规划设计理念,掌握园林构成要素的基本设计方法,掌握园林规划设计的原则和方法,为园林规划设计打好基础。

　　本书分为九章。第一章主要介绍园林相关概念、园林艺术和园林规划设计的学习方法。第二章主要介绍中国园林史概述、外国园林史概述及世界园林的发展趋势。第三章主要介绍园林美的概述、园林规划设计的依据与原则以及园林绿地的布局形式。第四章主要介绍景观特征、景的观赏以及造景手法。第五章主要介绍园林地形设计、园林理水设计、园林道路设计、园林建筑小品设计和园林植物种植设计。第六章主要介绍园林规划设计程序,包含设计任务书阶段、设计前期准备阶段、概念性规划阶段、总体规划设计阶段、初步设计阶段、施工图设计阶段以及建设概算。第七章主要介绍城市公园绿地设计。第八章主要介绍居住区绿地设计。第九章主要介绍校园绿地设计。

　　本书内容全面、系统性强,理论结合实践,依据我国最新的城市规范法规、园林绿化政策和条例,按照现代城市高质量的生态环境要求,结合编者多年教学与规划设计的实践经验,吸收国内外最新研究成果,加以研究探索,逐步整理、编写而成。在编写过程中,编者参考了国内外有关著作、论文,在此谨向有关作者深表谢意。感谢以下项目的支持:武汉设计工程学院校级教材项目《园林规划设计》(JC202104)、校级教改项目"数字化景观技术下的风景园林规划设计课程教学模式探索与实践"(2021JY101)、校级教改项目"'金课'背景下地方新建本科高校植物类课程建设的研究和实践"(2019JY111)、湖北省教育厅科研计划项目课题"城市微更新理念下口袋公园设计探究"(B2021370)、湖北省教育厅科研计划项目"课题肠道共生微生物对南亚果实蝇雌虫生殖力的影响研究"(B2019329)、湖北省教育厅科研计划项目课题"可食地景在武汉市园林绿地中的应用研究"(B2018277)、湖北省教育厅人文社会科学研究项目"基于景观都市主义理论的武汉市工业遗产地保护与再利用研究"(18G130)。感谢武汉生物工程学院、湖北生态工程职业技术学院、黄冈职业技术学院、武汉生物科技职业学院、北京市园林学校等兄弟院校的支持。

　　本书可作为高等院校和高等职业院校环境设计、风景园林、园林、城乡规划、园林工程、建筑学及相关专业的教材,也可作为相关从业人员的参考书或培训用书。

　　由于编者水平有限,书中难免有不足之处,还需要在教学实践中不断改进、完善。恳请广大读者在使用过程中提出宝贵意见。

编者

2022 年 4 月

目录 Contents

Yuanlin Guihua Sheji

第一章
绪　论

一、园林相关概念

在人类历史发展的长河中,园林是人类社会发展到一定阶段的产物。园林是一个动态的概念,随着社会历史和人类认识的发展而变化,不同的历史发展阶段有不同的内容和适用范围,不同国家和地区对园林的界定也不完全一样。园林在中国古代根据不同的性质也称为园、囿、苑、园亭、庭院、园池、山池、池馆、别业、山庄等。英国和美国称园林为 garden、park、landscape 等。它们的性质、规模虽不完全一样,但都具有一个共同的特点,即在一定的空间范围内,利用并改造自然山水地貌或者人为地开辟山水地貌,结合植物的栽培和建筑的布置,构成一个供人们观赏、游憩、居住的环境。

园林学是一门自然科学与社会科学交织在一起的综合性学科,其研究范围包括传统园林学、城市绿化、大地景观等三个层次。传统园林学主要包括园林形式、园林艺术、园林植物、园林建筑等分支学科。因此,园林是各学科与文化艺术融合的结晶,是自然与人工的完美组合。

绿化是栽种植物以改善环境的活动。城市绿化是栽种植物以改善城市环境的活动。

城市绿地是以植被为主要存在形态,并对生态、游憩、景观、防护具有积极作用的各类绿地的总称。园林绿地主要包括城市街道、广场、居住区、各类公园、风景区、机关、学校、工厂企业等。

园林规划设计包含园林绿地规划和园林绿地设计两层含义。

园林绿地规划从宏观上讲,是指园林绿地未来的发展方向的设想安排。园林绿地规划的主要任务是按照国民经济发展需要,提出园林绿地发展的战略目标、发展规模、速度和投资等。这种规划是由各级园林行政部制定的,是对若干年后园林绿地发展的设想,因此需制定出长期规划、中期规划和近期规划,用以指导园林绿地的建设。这种规划也称为发展规划。另一种规划是指对某一块园林绿地(包括已建和拟建的园林绿地)所占用的土地进行安排和对园林要素(山水、植物、建筑等)进行合理的布局与组合。一个城市的绿地规划,需要结合城市所在区域的自然环境特点和人文特点,确定出城市绿地的总体风格,绿化树种的选择等宏观层面的问题。

园林绿地设计就是在一定的空间范围内,运用园林艺术和工程技术手段,通过改造地形(筑山、叠石、理水等),种植树木、花草,营造建筑和布置园路等途径创作并建成的优美的自然环境和游憩境遇。这个环境是一幅立体的画面,是无声的诗歌,它可以使人愉快、欢乐并使人产生联想。园林绿地设计的内容包括地形设计、建筑设计、园路设计、种植设计和园林小品等方面的设计。

规划和设计都是园林绿地建设前的计划和打算,两者所处的层次和高度不同,解决的问题也不一样。规划是设计的基础,设计是规划的实现手段。园林规划设计的最终成果是园林规划设计图和设计说明书。园林规划设计不仅要考虑经济、技术、生态等问题,还要考虑园林美的艺术性,要把自然美融于生态美。

二、园林艺术

园林艺术是通过园林的物质实体反映自然美、生活美和艺术美,表现园林设计师审美意识的空间造型艺术,是园林学研究的主要内容,是指导园林规划、创作的理论依据。在园林创作中,园林艺术是通过审美创作活动再现自然和表达情感的一种艺术形式。

从事园林艺术研究,必须具备美学、艺术、绘画和文学等多方面的基础知识。

(一)自然美

自然景物和动物的美称为自然美。自然美偏重形式,往往以其色彩、形状、质感、声音等感性特征直接引起人们的美感,它所积淀的社会内涵往往是曲折、隐晦、间接的。人们对自然美的欣赏往往注重它形式的新奇、雄浑、雅致,而不注重它所包含的社会功利内容。

许多自然事物,因其具有与人类社会相似的一些特征,成为人类社会生活的一种寓意和象征,成为生活美的一种特殊形式的表现;一些自然事物因符合形式美的法则,以其所具有的条件及诸因素的组合,当人们直观感受时,给人以身心和谐,精神提升的独特美感,并能寄寓人的气质、情感和理想,表现出人的本质力量。园林的自然美有如下共性。

1. 变化性

随着时间、空间和人的文化心理结构的不同,自然美常常发生明显的或微妙的变化,常处于不稳定的状态。时间上的朝夕、四时,空间上的旷、奥,人的文化素质与情绪,都会直接影响自然美的发挥。

2. 多面性

园林中的相同自然景物,可以因人的主观意识与处境的变化而向相互对立的方向转化;园林中完全不同的景物,可以产生同样的效应。

3. 综合性

园林作为一种综合性艺术,其自然美常常表现在动、静结合中,如山静水动、树静风动、物静人动、石静影移、水静鱼游;在动静结合中,往往又寓静于动或寓动于静。

(二)生活美

园林作为一个现实的物质生活环境,是一个可游、可憩、可赏、可学、可居、可食的综合活动空间,其布局必须使游人在游园时感到非常舒适。

园林应保证环境清洁卫生,空气清新,无烟尘污染,水体清透。园林要有适合人生活的小气候,在气温、温度、风的综合作用下达到理想的要求。园林应冬季能防风、夏季能纳凉,应有一定的水面、空旷的草地及大面积的树林。

园林的生活美,还应该体现在有方便的交通、良好的治安保证和完美的服务设施。园林还应有广阔的户外活动场地,有安静的休息、散步、垂钓、阅读的场所;有划船、游泳、溜冰等体育活动的设施;在文化生活方面应有各种展览、舞台艺术、音乐演奏等的场地。这些都将愉悦人们的心情,带来生活的美感。

(三)艺术美

现实美是美客观存在的形态,艺术美则是现实美的升华。艺术美是人类对现实生活的全部感受、体验、理解进行加工提炼、熔铸后的结晶,是人类对现实审美关系的集中表现。艺术美通过精神产品传达到社会中,推动现实生活中美的创造,成为满足人类审美需要的重要审美对象。

现实生活虽然丰富,却代替不了艺术美。从生活到艺术是一个创造性的过程。艺术家是按照美的规律和自己的审美理想去创造作品的。艺术有其独特的反映方式,即艺术是通过创造艺术形象来具体地反映社会生活,表现作者思想感情的一种社会意识形态。艺术美是意识形态的美。

艺术美的具体特征如下。

1. 形象性

艺术美是艺术的基本特征,用具体的形象反映社会生活。

2. 典型性

作为一种艺术形象,艺术美虽来源于生活,但高于普通的实际生活,它比普通的实际生活更高、更强烈、更有集中性、更典型、更理想,因此就更具普遍性。

3. 审美性

艺术形象要具有一定的审美价值,能引起人们的美感,使人得到美的享受,培养和提高人的审美情趣,提高人的审美素质,从而进一步提高人们对美的追求和对美的创造能力。艺术美是艺术作品的美。园林是艺术作品,园林艺术美也就是园林美,是一种时空综合艺术美。在体现时间艺术美方面,园林具有诗与音乐般的节奏与旋律,能通过想象与联想,使人将一系列的感受转化为艺术形象。在体现空间艺术美方面,园林具有比一般图形艺术更为完备的三维空间,既能让人感受和触摸,又能使人深入其内,身临其境,观赏和体验它的序列、层次、高低、大小、宽窄、深浅、色彩。中国传统园林,是以山水画的艺术构图为形式,以山水诗的艺术境界为内涵的典型的时空综合艺术,其艺术美是融诗画为一体的、内容与形式协调统一的美。

三、园林规划设计的学习方法

(一)学习优秀的设计理论

园林规划设计,是人类改造或利用自然以营造理想生活环境的活动,是基于地理、气候、生物等各种自然环境条件,应用美学、文化、艺术和技术手段,营建理想中的家园,因此,不同文化背景下的人们,在各自的景观营造过程中,产生了各种形式、风格的庭院及设计经验(理论),如传统的中国自然式山水园、伊斯兰风格庭院、欧洲规则式庭院、日本枯山水庭院等,以及现代的极简主义园林、结构主义园林、生态主义园林等。学习这些传统或现代的设计理论,做到"古为今用,洋为中用",做到继承与发展相结合,可以提高自身园林规划设计的水平。

(二)培养艺术美感

园林是一门科学,也是一门艺术,从方案图、设计图到施工现场指导,都需要深厚的艺术美感、人文修养。在设计中,作品不仅要经济、实用、功能合理,还要有较好的图面表达效果,这也是园林设计师必备的素质之一;在施工中,要想根据现场材料(如乔木、花卉、景石等),在短时间内运用艺术、技术手段进行搭配、协调、组合,形成优美的园林景观,设计师必须具备一定的艺术修养。因此,培养艺术美感,让自己拥有一双懂美、会欣赏、知优劣的慧眼,在风景园林专业的学习中至关重要。

培养艺术美感是一个长期的过程,没有捷径可走,只有平时多看、多练、勤于思考,临摹优秀的艺术作品,从早期简单的"抄"(抄绘),过渡到后期的"超"(超越),从量变到质变,扩大视野,才能举一反三、触类旁通。

(三)理论与实践相结合

任何优秀的设计理论都是理论,属于上层意识,只有理论与实践相结合,理论指导实践,实践再检验理论,经过理论—实践—理论—实践的过程,才能不断提高设计的理论水平,创建出满足大众需求、生态良好、经济实用、环境优美的风景园林作品。

思考题

1.名词解释。

（1）园林

（2）园林绿地规划

（3）园林绿化设计

2.简述园林艺术美的体现。

3.简述园林规划设计的学习方法。

Yuanlin Guihua Sheji

第二章
中外园林发展概述

一、中国园林史概述

园林是人类社会发展到一定阶段的产物。世界园林有东方园林、西亚园林和希腊园林三大系统。东方园林以中国园林为代表,中国园林已有数千年的发展历史,具有优秀的造园艺术传统及造园文化精髓,被誉为世界园林之母。中国园林从崇尚自然的思想出发,发展成山水园林。人们在一定空间内,经过精心设计,运用各种造园手法将山、水、植物、建筑等构配组合,将人工美和自然美巧妙地结合,从而做到"虽由人作,宛自天开"的境界。学习园林规划设计,必先了解中国园林的历史发展,汲取其成果与优良传统,才能得以创新、发展。

(一)中国古典园林的起源与历史演变

中国古典园林的历史悠久,大约从公元前11世纪的奴隶社会末期直到19世纪末封建社会解体,在三千余年漫长的、不间断的发展过程中形成了世界上独树一帜的风景式园林体系——中国园林体系。这个园林体系并不像西方园林那样,呈现为各个时代迥然不同的形式,风格此起彼落、更迭变化,各个地区迥然不同的形式、风格互相影响、复合变异。中国园林体系在漫长的历史进程中自我完善,外来的影响甚微。因此,其发展表现为极度缓慢的、持续不断的演进过程。中国古典园林得以持续演进的契机便是经济、政治、意识形态三者之间的平衡和再平衡,其逐渐完善的主要动力亦得之于此三者的自我调整而促成的物质文明和精神文明的进步。根据此情况,我们可将中国古典园林的全部发展历史分为生成期、转折期、全盛期、成熟期和成熟后期。

1. 生成期(公元前16世纪—公元220年)

生成期即中国古典园林萌芽、产生并逐渐成长的时期,跨越商、周、秦、汉四个朝代。商、周为奴隶制社会,奴隶主贵族通过分封采邑制度获得其世袭不变的统治地位。贵族的宫苑是中国古典园林的滥觞,也是皇家园林的前身。秦、汉时期,政体演变为中央集权的郡县制,确立了皇权为首的官僚机构的统治,儒学逐渐获得正统地位,以地主小农经济为基础的封建大帝国形成,相应地,皇家的宫廷园林规模宏大、气魄浑伟,成为这个时期造园活动的主流。

(1)商、周的囿

园林的最初形式"囿"是在我国殷商时期(公元前17世纪—公元前11世纪)产生的。殷商时期出土的甲骨文中就有"园""圃""囿"等象形文字。从字的解释中,我们可以看出"囿"具有园林的内涵。

周灭商后分封宗室,并建立营国制度,奠定了中国古代都城以"前朝后寝,左庙右社"为主体的规划体系的基础。周制定了宫室建造的等级制度,同时开始了皇家园林的兴建。公元前11世纪,周文王在灵囿里造了灵台,挖灵池以观天象,也便于远眺及宴游玩乐,体现了人为艺术加工与自然风景的结合,如图2-1所示。一般认为中国古典园林的雏形是囿与台的结合,产生于公元前11世纪,也就是奴隶社会后期的商末周初。

(2)秦汉建筑宫苑与一池三山

秦始皇统一中国后,建立了中央集权的秦王朝封建帝国,开始以空前的规模营造宫室,规划宏伟壮丽。从《史记》《汉书》《三辅黄图》《西京杂记》等史籍中可以看到,秦汉时期园林的形式在囿的基础上发展为在广大地域布置宫室组群的建筑宫苑。它的特点一是面积大,周围数百里,保留囿的狩猎娱乐的内容;二是有了散布在自然环境中的建筑组群。建筑宫苑苑中有宫,宫中有苑,离宫别馆相望,周阁复道相连,如秦代的阿房宫,汉代的建章宫(见图2-2)和未央宫等。作为统一天下的象征,秦汉宫苑的规模十分巨大,园林建筑风格各异,其园林包罗万象。但建筑作为一个造园要素与其他造园要素(山、水、植物)的关系并不十分密切,

图 2-1　商周灵囿中的灵台

特别是秦代咸阳宫苑过分夸大建筑的作用,让其他造园要素处于从属的地位。这个时期宫苑的巨大规模和新的建筑风格为以后皇家园林的发展奠定了基础。

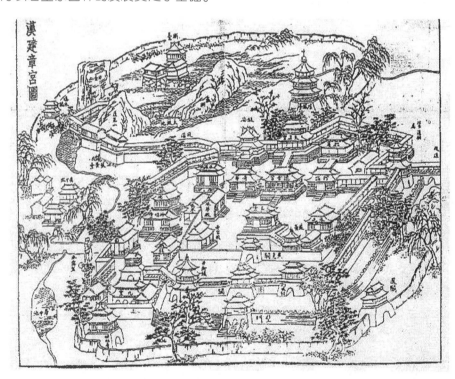

图 2-2　汉代建章宫图

汉代,在台苑的基础上发展出全新完整的园林形式——苑,其中分布着宫室建筑。苑中养百兽,可供帝王狩猎取乐,保留了囿的传统。苑中有馆、有宫,使苑成为以建筑组群为主体的建筑宫苑。汉武帝时,国力强盛,政治、经济、军事都很强大,此时大造宫苑,在秦的旧苑基础上进行了扩建。汉上林苑地跨五县,周围三百里,周围用墙垣围绕,苑内有离宫别馆 70 余所,保持着商周以来射猎游乐的传统。然而建成后的上林苑已不限于射猎之乐,还有多种多样的宫室建筑和声色犬马等游乐活动。建章宫是上林苑中最大的宫城,北部为太液池,池中置三个岛屿,分别象征蓬莱、方丈、瀛洲三座神山。从此,中国皇家园林中这种"一池三山"的形式,成为后世宫苑中池山之筑的范例。

（3）西汉山水建筑园

西汉时已有贵族、富豪的私园,规划比宫苑小,但内容仍未脱离囿和苑的传统,以建筑组群结合自然山水,多效仿皇家宫苑,都是规模宏大的园林形式,如梁孝王刘武的兔园（梁园）。茂陵富人袁广汉于北邙山下筑园,构石为山,说明当时已人工构筑石山。园中有大量建筑组群,园中景色大体还是比较粗放的,这种园林形式一直延续到东汉末期。

总之,中国古典园林是从殷商时期朴素的园林雏形"囿"开始的,发展到春秋战国时期的宫室建筑;到统一的秦代,建筑宫苑发展处于高潮;至汉武帝时,建筑宫苑发展到成熟阶段,并对以后的园林营造产生了很大影响。

2. 转折期（公元 220—589 年）

魏晋南北朝时期属于园林史上的转折时期。这个时期是历史上的一个大动乱时期,是思想、文化、艺术重大变化的时代,小农经济受到豪族庄园经济的冲击,北方落后的少数民族南下入侵,帝国处于分裂状态。在意识形态方面这个时期突破了儒学的正统地位,呈现诸家争鸣、思想活跃的局面。豪门士族在一定程度上削弱了以权为首的官僚机构的统治,民间的私家园林异军突起。这些变化引起园林的变革。西晋时已出现山水诗和游记。起初,对自然景物的描绘,只是用山水形式来谈玄论道。到了东晋,例如在陶渊明的笔下,自然景物的描绘已用来抒发内心的情感和志趣。反映在园林创作中,则追求再现山水,有若自然。南朝地处江南,由于气候温和,风景优美,山水园别具一格。这个时期的园林因挖池构山而有山有水,结合地形进行植物造景,因景而设园林建筑。北朝的植物、建筑的布局也发生了变化,如北魏官吏茹皓营建华林园,"经构楼馆,列于上下。树草栽木,颇有野致"。从这些例子可以看出南北朝时期园林形式和内容的转变。园林形式从粗略地模仿真山真水转到用写实手法再现山水;园林植物由欣赏奇花异木转到种草栽树,追求野致;园林建筑不再徘徊连属,而是结合山水,列于上下,点缀成景。南北朝时期园林是山水、植物和建筑相互结合组成山水园。该时期的园林可称作自然（主义）山水园或写意山水园。

南北朝时期佛教和道教流行,游览胜地开始出现,使得寺观园林也兴盛起来。佛教和道教的兴盛使人们广建佛寺和道观。佛寺建筑可为宫殿形式,宏伟壮丽并附有庭园。不少贵族官僚以舍宅为寺,原有宅院成为寺庙的园林部分。很多寺庙建于郊外,或选山水胜地进行营建。这些寺庙不仅是信徒朝拜进香的胜地,而且逐步成为风景游览的胜区。五台山的佛寺、峨眉山的道观选址最具特色。此外,一些风景优美的胜区逐渐有了山居、别业、庄园和聚徒讲学的精舍。这样,自然风景中就渗入了人文景观,逐步发展成为今天具有中国特色的风景名胜区。这些变化促成造园活动从生成到全盛的转折,初步确立了园林美学思想,奠定了中国风景式园林大发展的基础。

（1）皇家园林

三国、两晋、十六国、南北朝相继建立的大小政权都在各自的都城进行宫苑建设。部分城市有关皇家园林的记载较多:北方为邺城、洛阳,南方为建康。此时期的皇家园林在沿袭传统的基础上,又有了新的发展:园林造景从单纯的写实转变为写实与写意的结合,筑山理水的技艺达到一定水准,变宫室建筑为以山水作为主题的园林营造,并开始受到民间私家园林的影响,透露出清纯之美等。

三国时,曹操在邺城修筑御苑"铜雀园"（见图 2-3）,又名"铜爵园",毗邻宫城之西,相传为曹操打算"铜雀春深锁二乔"的地方。在园的西北隅垒筑三个高台:铜雀、金虎、冰井三台,宛若三峰秀峙。长明沟之水由铜雀台与金虎台之间引入园内,开凿水池水景亦兼作养鱼之用。除宫殿建筑外,铜雀园还有储藏军的武库,储藏冰、炭、粮食的冰井台,是一座兼有军事功能的皇家园林。

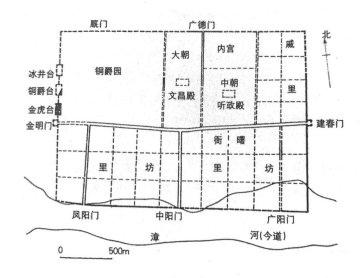

图2-3　曹魏邺城平面图（贺业钜：《中国古代城市规划史》）

东晋至南朝末，以建康（今南京）为都城，宫苑以华林园最为著名，此园与洛阳的华林园同名，以建筑为主，正殿名"华光"，亦有景阳山、台。华林园始建于三国时期，历经东晋、南北朝历代的不断经营，是南方的一座重要的、与南朝历史相始终的皇家园林。早在三国时期，东吴即引玄武湖之水入华林园，东晋在此基础上开凿天渊池，堆筑景阳山，修建景阳楼。到刘宋时，此园扩建，保留景阳山、天渊池、流杯渠等山水地貌并整理水系，利用玄武湖的水位高差"作大窦，通入华林园天渊池"，然后再流入台城南部的宫城之中，绕经太极殿及其他诸殿，由东西掖门之下注入宫城的南护城河。梁代是华林园的鼎盛时期，武帝礼贤下士，笃信佛教，在园内建"重云殿"，作为皇帝讲经、舍身、举行无遮大会之处；另在景阳山上建"通天观"，以观天象，作为天文观测所。华林园还有观测日影的日观台，当时的天文学家何承天、祖冲之都曾在园内工作。侯景叛乱，尽毁华林园，陈代又予以重建。至德二年陈后主在光昭殿前为宠妃修建著名的临春、结绮、望仙三阁，阁高数丈，并数十间，三阁之间以复道相连。

洛阳华林园原称芳林园，后因避齐王曹芳之讳而改名华林园（见图2-4）。《魏略》载，景初元年（237年），曹魏明帝在东汉旧苑基础上重建华林园，起土山于华林园西北，使公卿群僚皆负土成山，树松林杂木芳草于其上，捕山禽野兽置其中。园的西北面以各色文石堆筑为土石山——景阳山，山上广种松竹。东南面的池可能就是东汉天渊池的扩大，引来水绕过主要殿堂之前而形成完整的体系，创设各种水景，提供舟行游览之便，这样的人为地貌基础显然已有全面缩移大自然山水景观的意图。流水与禽鸟雕刻小品结合机枢做成各式小戏，建高台"凌云台"以及多层的楼阁，养山禽杂兽，殿宇森列并有足够的场地进行上千人的活动，甚至表演"鱼龙漫延"的杂技。另外，"曲水流觞"的园景设计开始出现在园林中，为后世园林所效法。

南朝诸代在建康（今南京）建有许多园林，尤以玄武湖的园林为最。玄武湖湖面宽阔，波涛汹涌，湖上立三神山，湖周环山临城，湖光山色，一派天然风光。梁元帝萧绎造湘东苑，使其山水主题更为突出，穿掘沼池，掇山叠石，建亭榭楼阁，又植以花木，且妙用借景，成为后代山水园的蓝本。

（2）私家园林

魏、晋、南北朝时期，由于连年的战乱，社会动荡不安。同时佛教传入中原，统治者利用佛教思想打压人民的反抗，促使佛教兴盛，影响文人的三种主要思想——儒、道、佛也开始趋于合流形成玄学。玄学重清淡。玄学家们逃避现实，好谈老庄或注解《老子》《庄子》《周易》等书以抒己志。士大夫中出现相当数量的名士，这些名士多是玄学家。许多名士以厌世嫉俗、玩世不恭的态度来反抗礼教的约束，寻求个性的解放，一方面表现为饮酒、服食丹药、狂狷的具体行为，另一方面表现为寄情山水、崇尚隐逸的思想作风，把自己的审美对

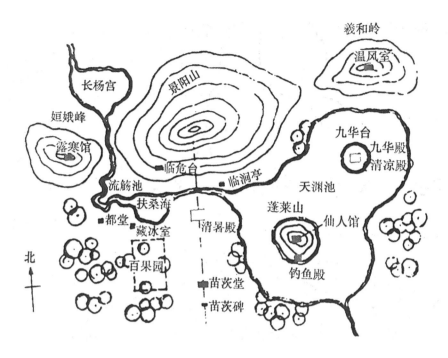

图 2-4　洛阳华林园平面设想图

象转向了自然。清静幽远的自然美与文人士大夫的闲适平淡的田园之情相融合,从而使自然美成为艺术表现的重要内容。

由于佛教盛行,与之而来的写实主义的绘画和雕塑艺术使中国美术发生了巨大变化,加之当时社会动乱,许多文人画士逃避现实,沉醉于大自然,使文学、绘画的方向转向自然,产生了以描写自然山水为内容的独立画风。这个时期,画家辈出,绘画理论陆续出现。顾恺之、宗炳等对推动山水画的发展起了重要作用。山水画的理论和表现技巧对园林艺术创作的布局、构图、手法均起到一定的作用,园林出现了山水园的风格。

魏晋南北朝的私家园林,有建置在城市的私园,比较著名的如梁元帝萧绎的湘东苑;有建在郊外风景地带的别墅园,比较著名的如西晋石崇的金谷园。石崇,晋武帝时任荆州刺史,此人财产丰积,室宇宏丽,生活十分奢华。他晚年在洛阳城西北郊金谷涧畔建金谷园,或高或低,有清泉茂林,众果、竹、柏、药草之属,莫不毕备。又有水碓、鱼池、土窟,其为娱目欢心之物备矣。

(3)寺观园林和游览胜地

魏晋以来,随着佛教传入中原,这个时期逐渐流行佛教思想与浮屠的建造,从而使寺庙丛林这种园林形式应运而生。佛寺建筑多用宫殿形式,宏伟壮丽,并附有庭园。这些寺庙不仅是信徒朝拜进香的圣地,而且逐渐成为风景游览胜地。不少贵族官僚舍宅为寺,使原有宅园成为寺庙的园林。尤其是到了南北朝时期,城市中的佛寺,莫不附设林荫苍翠、花卉馥郁,甚或幽池假山景色的庭园。在郊野的寺院,更是选占山奇水秀的名山胜境,结合自然风景而营造。故有"天下名山僧占多"之谚语。南朝的建康是当时佛寺集中之地,唐朝诗人杜牧有诗云:"千里莺啼绿映红,水村山郭酒旗风。南朝四百八十寺,多少楼台烟雨中。"此外,一些风景优美的胜地,逐渐有了山居、别业、庄园和聚徒讲学的精舍。这样,自然风景中就渗入了人文景观,逐步发展成为今天具有中国特色的风景名胜。

可以看出,这个时期的园林在类型、形式和内容上都有了转变:园林类型日益丰富,出现了皇家园林、私家园林、寺观园林和游览胜地等;园林形式由粗略地模仿真山真水转到用写实手法再现山水,即自然山水园;园林植物由欣赏奇花异木转到种草栽树,追求野致;园林建筑不再徘徊连属,而是结合山水,列于上下,点缀成景。

3. 全盛期(公元 589—960 年)

中国园林的全盛期,出现在隋、唐时期。帝国复归统一,豪族势力和庄园经济受到抑制,中央集权的封建官僚机构更为健全、完善,在前一时期诸家争鸣的基础上,形成儒、道、释互补共尊,儒家仍居正统地位的格局。唐王朝的建立,开创了中国历史上一个意气风发、勇于开拓、充满活力的全盛时代。从这个时代可以看到中国传统文化曾经有过的宏放风度和旺盛生命力。隋唐园林在魏晋南北朝时期奠定的风景式园林艺术的基础上,随着当时经济和文化的进一步发展而达到全盛时期。作为一个园林体系,它具有的风格特征已经基本形成。

(1)隋代山水建筑宫苑

隋炀帝杨广继位后,在东京洛阳大力营建宫殿苑囿。别苑中以西苑最著名,其风格明显受到南北朝时期自然山水园的影响,以湖、渠水系为主体,将宫苑建筑融于山水。这是中国园林从建筑宫苑演变到山水建筑宫苑的转折点。

(2)唐代宫苑和游乐地

唐朝国力强盛,长安城宫苑壮丽。大明宫北有太液池,池中蓬莱山独踞,池周建回廊四百多间。兴庆宫以龙池为中心,围有多组院落(见图 2-5)。大内三苑以西苑最为优美,苑中有假山、湖池,渠流连环。华清宫位于陕西省西安市临潼区的骊山之麓,以骊山脚下涌出的温泉得天独厚,以杨贵妃赐浴华清池的艳事闻名于世。华清宫最大的特点是体现了我国早期自然山水园的艺术特色,随地势高下曲折而筑,这里风光秀丽,绿荫丛中隐现着亭台、轩榭、楼阁,登上望京楼,可远眺近赏。华清宫本身是宫城,占地 2000 m²,其形方整,由宫殿亭阁、回廊组成,内有著名的贵妃池和长生殿。相传唐玄宗与杨贵妃曾于某年乞巧节在长生殿内山盟海誓愿生生世世为夫妇,这就是白居易《长恨歌》中提到的"在天愿作比翼鸟,在地愿为连理枝"的故事。除华清宫、长生殿外,这里还有朝元阁、集灵台、宜春亭、斗鸡殿等景,组成了一个规模较大的宫苑,供唐玄宗、杨贵妃等宫室权贵们享乐悠游。

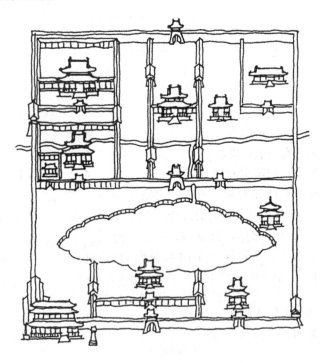

图 2-5　兴庆宫图(宋·元丰)

长安城东南隅有芙蓉园、曲江池,定时向公众开放,实为古代一种公共游乐地。唐代的离宫别苑,比较著名的有麟游县天台山的九成宫,是避暑的夏宫;临潼区骊山北麓的华清宫,是避寒的冬宫。

(3)唐代自然园林式别业山居

盛唐时期,中国山水画已有很大发展,出现了寄兴写情的画风。园林方面也开始有意识地融合诗情画意,出现了体现山水之情的创作。盛唐诗人、画家王维在蓝田县天然风景名胜区,对天然山水地貌、地形和植被进行整治,略施建筑点缀,经营了辋川别业,形成了既有自然之趣,又有诗情画意的自然园林。中唐诗人白居易游庐山,见香炉峰下云山泉石胜绝,因置草堂,建筑朴素,不施朱漆粉刷。草堂旁,春有锦绣谷花,夏有石门涧云,秋有虎溪月,冬有炉峰雪,四时佳景,收之不尽。唐代文学家柳宗元在柳州城南门外沿江处发现一块弃地,斩除荆丛,种植竹、松、杉、桂等树,临江配置亭堂。这些园林创作反映出,唐代自然式别业山居是在充分认识自然美的基础上,运用艺术和技术手段造景、借景而构成优美的园林境域。

这些园林突出的特征是以画设景,以景入画,相互融会贯通,使得山水诗、山水画、山水园林相互融合。

(4)唐宋写意山水园

从中晚唐到宋,士大夫们要求深居市井也能闹处寻幽,于是在宅旁营园地,在近郊置别业,蔚为风气。唐长安、洛阳和宋开封都建有宅第园池。宋代洛阳的宅第园池多半就隋唐之旧。从《洛阳名园记》中可知,唐宋园林大都是在面积不大的宅旁地里,因高就低,掇山理水,表现山堅溪池之胜,点景起亭,览胜筑台,茂林蔽天,繁花覆地,小桥流水,曲径通幽,巧得自然之趣。这些名园各具特色,根据造园者对山水的艺术认识和生活需求,因地制宜地表现山水真情和诗情画意,称为写意山水园。

总之,隋唐园林在魏晋南北朝风景式园林的基础上,随着经济和文化的进一步发展而臻于全盛,皇家园林不仅规模宏大,且总体布局和局部设计更加完善,出现了像大明宫、华清宫这样具有划时代意义的作品。唐代把诗、画趣赋予园林山水景物,因画成景,以诗入园,意境的塑造已处于朦胧状态,形成了文人写意山水园。隋唐园林不仅发扬了秦汉的大气磅礴,而且在精致的艺术经营上取得了辉煌的成就,这个全盛的局面继续发展到宋代。

4. 成熟期(公元 960—1736 年)

成熟期为两宋到清初。继隋唐盛世之后,中国封建社会发育定型,农村的地主小农经济稳步成长,城市的商业经济空前繁荣,市民文化的兴起为传统文化注入了新鲜血液。封建文化的发展虽已失去了汉、唐的宏放风度,但转化为在日益缩小的精致境界中实现着从总体到细节的自我完善。相应的,园林的发展亦由全盛期升华为富于创造进取精神的完全成熟的境地。

北宋山水宫苑、建筑技术和绘画都有发展,出版了《营造法式》,兴起了界画。宋徽宗赵佶先后修建的诸宫,都有苑囿,政和七年(1117)始筑万岁山,后更名艮岳(见图 2-6)。艮岳主山寿山,冈连阜属,西延为平夷之岭,有瀑布、溪涧、池沼形成的水系。在这样一个山水兼盛的境域中,树木花草群植成景,亭台楼阁因势布列。这种全景式的表现山水、植物和建筑之胜的园林,称为山水宫苑。

5. 成熟后期(公元 1736—1911 年)

成熟后期为清初到清末。清代的乾隆时期是中国封建社会的最后一个繁盛时期,表面的繁盛掩盖着四伏的危机。道光、咸丰以后,随着西方帝国主义势力入侵,封建社会盛极而衰败逐渐趋于解体,封建文化也越来越呈现衰颓的迹象。园林的发展,一方面继承前一时期的成熟传统,而更趋于精致,表现了中国古典园林的辉煌成就;另一方面则暴露出某些衰颓的倾向,已多少丧失前一时期的积极、创新精神。

清末民初,封建社会完全解体,历史发生急剧变化。西方文化大量涌入,中国园林的发展亦相应地产生了根本性的变化,结束了它的古典时期,开始进入世界园林发展的第三阶段——近现代园林阶段。

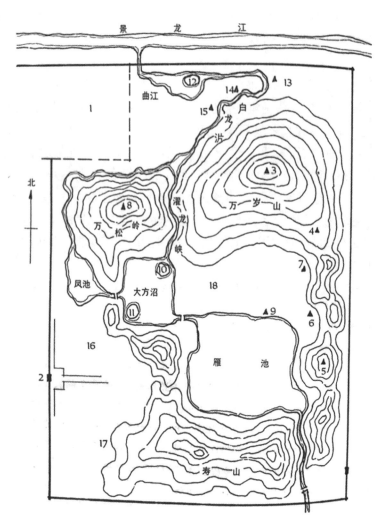

1.上清宝箓宫
2.华阳门
3.介亭
4.萧森亭
5.极目亭
6.书馆
7.萼绿华堂
8.巢云亭
9.绛霄楼
10.芦渚
11.梅渚
12.蓬壶
13.消闲馆
14.漱玉轩
15.高阳酒肆
16.西庄
17.药寮
18.射圃

图 2-6　艮岳平面设想图

(1)元、明、清宫苑

元、明、清三代建都北京,大力营造宫苑,完成了西苑三海、故宫御花园、圆明园、清漪园、静宜园、静明园及承德避暑山庄等著名宫苑的营建。

这些宫苑或以人工挖湖堆山(如西苑三海、圆明园),或利用自然山水加以改造(如承德避暑山庄、颐和园)。宫苑中以山水、地形、植物来组景,因势因景点缀园林建筑。这些宫苑仍可明显地看到"一池三山"传统的影响。清乾隆以后,宫苑中建筑的比重又大为增加。

这些宫苑是历代朝廷集中大量财力物力,并调集全国能工巧匠精心设计施工的,总结了几千年来中国传统的造园经验,融合了南北各地主要的园林风格流派,在艺术上达到了完美的境地,是中国园林的主要遗产。大型宫苑多采用集锦的方式,集全国名园之大成。承德避暑山庄的"芝径云堤"仿杭州西湖苏堤,烟雨楼仿嘉兴南湖湖心岛上的建筑,金山仿镇江,万树园模拟草原风光。圆明园(见图 2-7)的景区中,有仿杭州的"南屏晚钟""平湖秋月""三潭印月"(此三景在圆明园福海),以及"曲院风荷"(圆明园濂溪乐处);有仿宁波"天一阁"的"文渊阁",有仿苏州"狮子林"的假山(圆明园长春园狮子林)等。这种集锦式园林成为中国园林艺术的一种传统。

这个时期的宫苑还吸收了蒙古族、藏族、维吾尔族等少数民族的建筑风格,如北京颐和园后山建筑群、承德外八庙等。清代中国同国外的交往增多,西方建筑艺术传入中国,首次在宫苑中被采用,如圆明园中俗称"西洋楼"的一组西式建筑,包括远瀛观、海宴堂、方外观、蓄水楼、养雀笼、谐奇趣,就是当时西方盛行的建

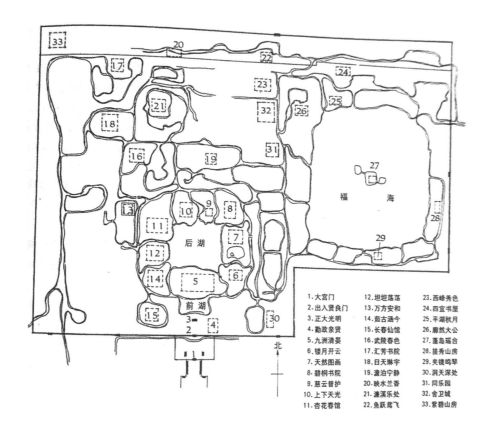

1. 大宫门　　　　12. 坦坦荡荡　　　23. 西峰秀色
2. 出入贤良门　　13. 万方安和　　　24. 四宜书屋
3. 正大光明　　　14. 茹古涵今　　　25. 平湖秋月
4. 勤政亲贤　　　15. 长春仙馆　　　26. 廓然大公
5. 九洲清晏　　　16. 武陵春色　　　27. 蓬岛瑶台
6. 镂月开云　　　17. 汇芳书院　　　28. 接秀山房
7. 天然图画　　　18. 日天琳宇　　　29. 夹镜鸣琴
8. 碧桐书院　　　19. 澹泊宁静　　　30. 洞天深处
9. 慈云普护　　　20. 映水兰香　　　31. 同乐园
10. 上下天光　　　21. 濂溪乐处　　　32. 舍卫城
11. 杏花春馆　　　22. 鱼跃鸢飞　　　33. 紫碧山房

图 2-7　雍正时期圆明园的平面示意图

筑风格以及石雕、喷泉、整形树木、绿丛植坛等园林形式。这些宫苑后来被帝国主义侵略者焚毁了。

（2）元、明、清私家园林

明清时期江、浙一带经济繁荣、文化发达,南京、湖州、杭州、扬州、无锡、苏州、岭南等城市,宅园兴筑,盛极一时。这些园林是在唐宋写意山水园的基础上发展起来的,强调主观意兴与心绪表达,重视掇山、叠石、理水等技巧,突出山水之美,注重园林的文学趣味,称为文人山水园。其中江南私家园林最具代表性。

江南在宋、元、明、清时期,一直都是经济繁荣、人文荟萃的地区,私家园林建设继承上代势头,普遍兴旺发达。江南是水乡,气候温暖,植物繁茂,其园林多为地主及文人雅士所建的私家宅园,特点是"妙在小,精在景,贵在变,长在情",也是我国园林艺术的精华所在。较有名的江南园林分布在苏州(拙政园、留园等)、扬州(个园、何园等)和上海(豫园等)。其中苏州拙政园是江南园林中最大且保存最完整的私家园林。

拙政园在苏州市姑苏区东北街,始建于明初。园主初为封建官僚御史王献臣,他因与权贵不和,弃官还乡建此园,取晋代潘岳《闲居赋》中"灌园鬻蔬,以供朝夕之膳",是亦拙者之为政也之意,取名"拙政园"。以后随时代变迁,拙政园屡易园主。

拙政园(见图 2-8)的总面积为 4.1 hm²,是一座大型宅园,分东、西、中三部分。东部原为"归居",早已荒废。中园是全园的主体和精华,它的主景区以大水池为中心。水面聚处以辽阔见长,散处则以曲折取胜。池的东西两端留有水口、伸出水尾,显示疏为无尽之意。池中有东海三岛意境,东山较小,山后建六边形的"待霜亭",亭边植橘物。待霜降始红,藏而不露。中岛最大,上建"雪香云蔚亭",与"远香堂"隔水互为对景,亭周围植梅花寓其意,与前者成对比之烘托。西部小岛上有"荷风四面亭",四面遍植荷花。转向南经小桥达远香堂西北面的"倚玉轩"(南轩);西过小桥而北可达"见山楼"。待霜亭东行下山过桥向南便到池畔的"梧竹幽居",亭北植桐、竹故名,亭方形,各面开圆洞门。透过洞门看园中景物,待霜亭、雪香云蔚亭、荷风四面亭、香洲、南轩、远香堂等汇聚眼前,形体大小、位置高低、错落有致,虚实对比、层次分明,开朗明静,情趣

倍增。远香堂为园中部的主题建筑物,周围环境开阔。堂面阔三间,安装落地长窗,在堂内可观赏四面之景犹如长幅画卷。远香堂东侧有石假山一座,山顶有"绣绮亭",山南为"枇杷园"小院,小院云墙上有月洞门,向内望园中"嘉宝亭"周围枇杷丛丛;入洞门回望,雪香云蔚亭映衬于林木之中。庭院中有"玲珑馆",馆东南有"听雨轩",为赏雨听声之处。馆东北有小院"海棠春坞",内植海棠,铺地为卵石海棠花纹。远香堂西南有"小飞虹""小沧浪"一组建筑,由小沧浪凭栏北望,透过小飞虹可遥望荷风四面亭,亭后背景为见山楼,中间曲桥紧贴水面,池边垂柳摇曳,水中倒影浮动,空间层次深远。春光月夜,漫步其间,雅静清幽,如处仙境。小飞虹向西尚有"得真亭",转北则到"香洲"石舫,香洲西去经"玉兰堂"即达西园东南入口。

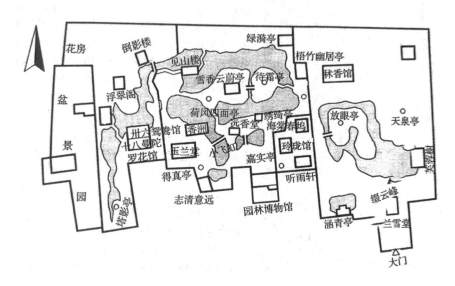

图 2-8 拙政园平面图

西园也以水池为中心,主厅在池南为"卅六鸳鸯馆"和"十八曼陀罗花馆",馆东叠石为山,上建"宜两亭"。北部有"倒影楼",中部有"与谁同坐轩""笠亭""浮翠阁""留听阁",南为"塔影亭"。西园是迂回曲折,流畅明快的境界。

(二)中国古典园林的特点

中国古典园林作为一个园林体系,与世界上其他园林体系相比较,所具有的个性是鲜明的。而它的各个类型之间,又有着许多共性。这些个性和共性可以概括为四个方面:本于自然,高于自然;建筑美与自然美的融糅;诗画的情趣;意境的含蕴。这也就是中国古典园林的四个主要特点。

1. 本于自然,高于自然

自然风景以山、水为地貌基础,以植被进行装点。山、水、植物乃是构成自然风景的基本要素,当然也是风景式园林的构景要素。但中国古典园林绝非一般地利用或者简单地模仿这些构景要素的原始状态,而是有意识地加以改造、调整、加工、剪裁,从而表现一个精练概括的自然、典型化的自然。唯其如此,像颐和园那样的大型天然山水园才能将具有典型性格的江南湖山景观在北方大地上复现出来。这就是中国古典园林的一个最主要的特点——本于自然而又高于自然。这个特点在人工山水园的筑山、理水、植物配置方面表现得尤为突出。

自然界的山岳,以其丰富的外貌和广博的内涵成为大地景观的最重要的组成部分,所以中国人历来都用"山水"作为自然风景的代称。相应的,在古典园林的地形整治中,筑山便成了一项最重要的内容,历来造园都极为重视。筑山即堆筑假山,包括土山、土石山和石山。园林中使用天然石块堆筑为石山的这种特殊技艺叫作叠山,江南地区称为掇山。匠师们广泛采用各种造型、纹理、色泽的石材,以不同的堆叠风格形成许多流派。造园几乎离不开石,石本身也逐渐成了人们鉴赏品玩的对象,并作为盆景艺术、案头清供。南北各地现存的许多优秀的叠山作品,一般最高不过八九米,无论模拟真山全貌或截取真山一角,都能以小尺度创造出峰、峦、岭、岫、洞、谷、悬崖、峭壁等形象。从堆叠章法和构图经营上,我们可以看到天然山岳构成规律的概括、提炼。园林假山都是真山的抽象化、典型化的缩移摹写,能够完美展现咫尺山林的景致,在有限的空间幻化千岩万壑的气势。园林之所以能够体现高于自然的特点,主要得之于叠山这种高级的艺术创作。叠石为山的风气,到后期尤为盛行,几乎是无园不石。此外,还有选择整块的天然石材陈设在室外作为观赏对象的做法,这种做法叫作置石。用作置石的单块石材不仅具有优美奇特的造型,而且能够引起人们对大山高峰的联想,即"一拳则太华千寻",故又称为峰石。

水体在大自然的景观构成中是一个重要的因素,它既有静止状态的美,又能显示流动状态的美,因此也是一个最活跃的因素。山与水的关系密切,山嵌水抱一向被认为是最佳的成景态势,也反映了阴阳相生的辩证哲理。这都体现在古典园林的创作上,一般来说,有山必有水,筑山和理水成为造园的专门技艺,两者之间也是相辅相成的。

园林中开凿的各种水体都是自然界的河、湖、溪、涧、泉、瀑等的艺术概括。人工理水务必做到"虽由人作,宛自天开",哪怕再小的水面亦必曲折有致,并利用山石点缀岸、矶,有的还特意做出一湾港汊、水口以显示源流脉脉、疏水若为无尽。稍大一些的水面,则必堆筑岛、堤,架设桥梁。在有限的空间内尽写天然水景的全貌,这就是"一勺则江湖万里"之立意。

园林植物配置尽管姹紫嫣红、争奇斗艳,但都以树木为主调,因为翳然林木最能让人联想到大自然的丰富繁茂。西方以花卉为主的花园,树木则是比较少的。栽植树木不讲求成行成列,但亦非随意参差,往往以三株五株、虬枝枯干予人蓊郁之感,运用少量树木艺术概括地表现天然植被的气象万千。此外,观赏树木和花卉还按其形、色、香而拟人化,被赋予不同的性格和品德,在园林造景中尽显其象征寓意。

总之,本于自然、高于自然是中国古典园林创作的主旨,目的在于求得一个概括、精练、典型而又不失其自然生态的山水环境。这样的创作又必须合乎自然之理,方能获致天成之趣,否则就不免流于矫揉造作,犹如买椟还珠,徒具抽象的躯壳而失风景式园林的灵魂了。

2. 建筑美与自然美的融糅

法国的规整式园林和英国的风景式园林是西方古典园林的两大主流。前者按古典建筑的原则来规划园林,以建筑轴线的延伸来控制园林全局;后者的建筑物与其他造园要素之间往往处于相对分离的状态。但是,这两种截然相反的园林形式却有一个共同的特点:将建筑美与自然美对立起来,要么建筑控制一切,要么"退避三舍"。

中国古典园林则不然,建筑无论多寡,也无论其性质、功能如何,都力求与山、水、植物等造园要素有机地组织在一系列风景画面之中,突出彼此谐调、互相补充的积极的一面,限制彼此对立、互相排斥的消极的一面,甚至能够将后者转化为前者,从而在园林总体上使得建筑美与自然美融合起来,达到人工与自然高度谐调——天人合一的境界。

中国古典园林之所以能够将消极的方面转化为积极的因素以求得建筑美与自然美的融糅,从根本上来说应追溯其造园哲学、美学乃至思维方式的主导,而且中国传统木构建筑本身具有的特性也为此提供了优越条件。

木框架结构的个体建筑,内墙外墙可有可无,空间可虚可实、可隔可透。园林中的建筑物充分利用这种灵活性和随意性创造了千姿百态、生动活泼的外观形象,获得与自然环境的山、水、植物密切嵌合的多样性。中国园林建筑不仅其形象之丰富在全世界范围内首屈一指,而且将传统建筑既能化整为零、又能集零为整

的可变性发挥到了极致。它一反宫廷、坛庙、衙署、邸宅的严整、对称、均齐的格局,完全自由随意、因山就水、高低错落,以这种千变万化的面上的铺陈强化了建筑与自然环境的嵌合关系。同时,它还利用建筑内部空间与外部空间的通透、流动的可能性,将建筑物的小空间与自然界的大空间沟通起来。正如《园冶》所谓"轩楹高爽,窗户虚邻,纳千顷之汪洋,收四时之烂漫。"

匠师们为了进一步将建筑协调、融糅于自然环境之中,还发展、创造了许多别致的建筑形象和细节处理。譬如,亭这种最简单的建筑物在园林自然环境中随处可见,不仅具有点缀作用和观景功能,而且通过其特殊的形象还体现了以圆法天、以方象地、纳宇宙于芥粒的哲理。所以戴醇士说:"群山郁苍,群木荟蔚,空亭翼然,吐纳云气。"苏东坡《涵虚亭》诗云:"唯有此亭无一物,坐观万景得天全。"再如,临水之舫和陆地上的船厅,即模仿舟船以突出园林的水乡风貌。江南地区水网密布,舟楫往来为城乡最常见的景观,故园林中这种建筑形象也运用最多。廊本来是联系建筑物、划分空间的手段,园林中的那些揳入水面、飘然凌波的水廊,宛转曲折、通花渡壑的游廊、蜿蜒山际、随势起伏的爬山廊等各式各样的廊,好像纽带一般将人为的建筑与天成的自然贯穿结合起来。常见山石包镶着房屋的一角,堆叠在平桥的两端,甚至代替台阶、楼梯、柱礅等建筑构件,则是建筑物与自然环境之间的过渡与衔接。随墙的空廊在一定的距离上故意拐一个弯而留出小天井,随意点缀少许山石花木,顿成绝妙小景。白粉墙上所开的种种漏窗,阳光透过,图案倍觉玲珑明澈。而在诸般样式的窗洞后面衬以山石数峰、花木几本,犹如小品风景,尤为楚楚动人。

总之,优秀的园林作品,尽管建筑物比较密集,也不会让人感觉囿于建筑空间,虽然处处有建筑,却处处洋溢着大自然的盎然生机。这种和谐在一定程度上反映了中国传统的天人合一的哲学思想,体现了道家对待大自然的"为而不恃、长而不宰"的态度。

3. 诗画的情趣

文学是时间的艺术,绘画是空间的艺术。园林景物既需静观,也要动观,即在游动、行进中领略观赏,故园林是时空综合艺术。中国古典园林的创作,充分地把握了这个特性,运用各个艺术门类之间的触类旁通,熔铸诗画艺术于园林艺术之中,使得园林从总体到局部都包含着浓郁的诗画情趣,这就是通常所谓的诗情画意。

诗情,不仅是将前人诗文的某些境界、场景在园林中以具体的形象复现出来,或者运用景名、匾额、楹联等文学手段对园景做直接的点题,还在于借鉴文学艺术的章法、手法,使得规划设计颇多类似文学艺术的结构。正如钱泳所说:"造园如作诗文,必使曲折有法,前后呼应;最忌堆砌,最忌错杂,方称佳构。"园内的动观游览路线绝非"平铺直叙"的简单道路,而是运用各种构景要素于迂回曲折中形成渐进的空间序列,也就是空间的划分和组合。划分,不流于支离破碎;组合,务求其开合起承、变化有序、层次清晰。这个序列的安排一般必有前奏、起始、主题、高潮、转折、结尾,形成内容丰富多彩、整体和谐统一的连续的流动空间,表现了诗一般的严谨、精练的章法。在这个序列之中往往还穿插一些对比、悬念、欲抑先扬或欲扬先抑的手法,合乎情理之中而又出人意料之外,则更加强了犹如诗歌的韵律感。

因此,人们游览中国古典园林所得到的感受,往往仿佛朗读诗文一样酣畅淋漓,这也是园林所包含的诗情。优秀的园林作品,则无异于凝固的音乐、无声的诗歌。

凡风景式园林都或多或少地具有画意,都在一定程度上体现绘画的原则。中国的山水画不同于西方的风景画,前者重写意,后者重写形。可以说中国园林是将作为大自然的概括和升华的山水画以三度空间的形式复现到现实中,这在平地起造的人工山水园中表现得尤为明显。

从假山尤其是石山的堆叠章法和构图经营上,我们既能看到天然山岳构成规律的概括、提炼,也能看到诸如"布山形,取峦向,分石脉""主峰最宜高耸,客山须是奔趋"等山水画理的表现,乃至某些笔墨技法如皴法、矾头、点苔等的具体模拟。可以说,叠山艺术将借鉴于山水画的"外师造化,中得心源"的写意方法在三度空间中发挥到了极致。它既是园林中复现大自然的重要手段,也是造园之因画成景的主要内容。正因为"画家以笔墨为丘壑,掇山(即叠山)以土石为皴擦,虚实虽殊,理致则一",所以许多叠山匠师都精于绘事,有意识地汲取绘画各流派的长处于叠山创作。

园林植物配置,务求其在姿态和线条方面既显示自然天成之美,也要表现出绘画的意趣。因此,选择植物就很受文人画所标榜的"吉、奇、雅"的格调的影响,讲究体态潇洒,色香清隽,堪细品玩味,有象征寓意。

园林建筑的外观,由于露明的木构件和木装修、各式坡屋面的举折起翘而表现出生动的线条美,还因木材的髹饰、辅以砖石瓦件等多种材料的运用而显示色彩美和质感美。这些都赋予其外观形象富于画意的魅力。所以有的学者认为西方古典建筑是雕塑性的,中国古典建筑是绘画性的,此论不无道理。中国古代历来的诗文、绘画中咏赞、状写建筑的不计其数,甚至以工笔描绘建筑物而形成独立的画科——界画,在世界上恐怕是绝无仅有的事例。正因为建筑之富于画意的魅力,那些瑰丽的殿堂台阁将皇家园林点染得何等凝练、璀璨,宛若金碧山水画,恰似颐和园内一副对联的描写:"台榭参差金碧里,烟霞舒卷画图中。"江南的私家园林,建筑物以其粉墙、灰瓦、褚黑色的髹饰、通透轻盈的体态掩映在竹树山池间,其淡雅的韵致有如水墨渲染画,与皇家园林金碧重彩的皇家气派迥然不同。

线条是中国画的造型基础,中国园林艺术也是如此。比起英国园林或日本园林,中国的风景式园林具有更丰富、更突出的线的造型美:建筑物的露明木梁柱装修的线条、建筑轮廓起伏的线条、坡屋面柔和舒卷的线条、山石有若皴擦的线条、水池曲岸的线条、花木枝干虬曲的线条等,组成了线条律动的交响乐,统摄整个园林的构图。正如各种线条统摄山水画面的构图一样,线条也多少增益了园林的如画的意趣。

由此可见,中国绘画与造园关系的密切程度。这种关系历经长久的发展形成"以画入园,因画成景"的传统,甚至不少园林作品直接以某位画家的笔意、某种流派的画风引为造园的蓝本。历来文人、画家参与造园蔚然成风,或为自己营造,或受他人延聘而出谋划策。专业造园匠师亦努力提高自己的文化素养,有不少擅长绘事。流风所及,不仅园林的创作,乃至品评、鉴赏亦莫不参悟于绘画。明末扬州文人茅元仪看到郑元勋新筑的影园,觉得自己藏画虽多,都不及此园之入画者,因此在《影园记》中写道:"园者,画之见诸行事也……我于郑子之影园而益信其说……风雨烟霞,天私其有。江湖丘壑,地私其有。逸志冶容,人私其有。以至舟车楗梮、草木虫鱼之属,靡不物私其所有。"许多文人涉足园林艺术,成为诗、书、画、园兼擅于一身的"四绝人物"。曹雪芹能于小说《红楼梦》中具体地构想出一座瑰丽的大观园,可算是杰出的"四绝文人"了。

当然,兴造园林比起在纸绢上作水墨丹青要复杂得多,因为造园必须解决一系列实用、工程技术问题,也更困难得多,因为园内的植物是有生命的,潺潺流水是动态的,生态景观随季相之变化而变化,随天候之更迭而更迭。再者,园内景物不仅要从固定的角度去观赏,而且要游动着观赏,从上下左右各角度观赏,进入景中观赏,甚至园内景物观之不足,还要将园外"借景"收纳作为园景的组成部分。所以,不能说每一座中国古典园林的规划设计都全面地做到了以画入园、因画成景,而不少优秀的作品确实能够予人以置身画境、如游画中的感受。如果按照宋代郭熙《林泉高致》中的说法:"世之笃论,谓山水有可行者,有可望者,有可游者,有可居者。画凡至此,皆入妙品。但可行可望不如可居可游之为得。"那么,中国古典园林就无异于可游、可居的立体图画了。

4. 意境的含蕴

意境是中国艺术创作和鉴赏方面的一个极重要的美学范畴。简单来说,意即主观,将自己的感情、理念熔铸于客观生活、景物之中,从而引发鉴赏者类似的情感激动和理念联想。中国的传统哲学在对待言、象、意的关系上,从来都将意置于首要地位。先哲们很早就提出得意忘言、得意忘象的命题,指出只要得到意就不必拘守原来用以明象的言和存意的象了。再者,汉民族的思维方式注重综合和整体关系,佛禅和道教的文字宣讲往往立象设教,追求意在言外的美学趣味。这些情况影响、浸润于艺术创作和鉴赏,从而产生意境

的概念。唐代诗人王昌龄在《诗格》中提出"三境"之说来评论诗(主要是山水诗)。他认为诗有三种境界:只写山水之形为物境,能借景生情为情境,能托物言志为意。近代国学大师王国维在《人间词话》中提出诗词的两种境界——有我之境、无我之境:"有我之境,以我观物,故物皆著我之色彩。无我之境,以物观我,故不知何者为我,何者为物。"无论《人间词话》的境界,还是《诗格》的情境和意境,都是诉诸主观,由主客观的结合产生的,因此,都可以归于通常所理解的意境的范畴。

不仅诗、画如此,其他的艺术门类都将意境的有无、高下作为创作和品评的重要标准,园林艺术当然也不例外。园林由于其具诗画的综合性与三维空间的形象性,其意境内涵的显现比其他艺术门类更为明晰,也更易于把握。意境的含蕴既深且广,其表述的方式必然丰富多样。归纳起来,大体上有三种不同的情况。

第一,借助于人工叠山理水将广阔的大自然山水风景缩移模拟于咫尺之间。所谓"一拳则太华千寻,一勺则江湖万里"不过是文人的夸张说法,这一拳、一勺应指园林中的具有一定尺度的假山和人工开凿的水体,它们都是物象,由这些具体的石、水物象而构成物境。"太华""江湖"则是通过观赏者的移情和联想,将物象幻化为意象,将物境幻化为意境。相应的,物的构图美便衍生出意境的生态美,但前提条件在于叠山理水的手法要能够诱导观赏者往"太华"和"江湖"方面去联想,否则将会导人进入误区,如晚期叠山过分强调动物形象等。所以说,叠山理水的创作,往往既重物境,又重由物境而幻化、衍生出来的意境,即所谓"得意而忘象"。由此可见,以叠山理水为主要造园手段的人工山水园,其意境的含蕴几乎是无所不在的,甚至可以称之为"意境园"了。

第二,预先设定意境主题,然后借助山、水、植物、建筑所构成的物境将主题表述出来,从而传达给观赏者意境的信息。此类主题往往得之于古人的文学艺术创作、神话传说、遗闻轶事、历史典故乃至风景名胜的模拟等,这在皇家园林中尤为普遍。

第三,意境并非预先设定,而是在园林建成之后再根据现成物境的特征做出文字的"点题"——景题、匾、联、石刻等。通过这些文字手段的更具体、明确的表述,其所传达的意境信息也就更容易把握了。《红楼梦》第十七回至十八回"大观园试才题对额"写的就是这种表述的情形。在这种情况下,文字的作者实际上也参与了此处园林艺术的部分创作。

运用文字信号来直接表述意境的内涵,则表述的手法更多样化,如状写、比附、象征、寓意等;表述的范围也十分广泛,如情操、品德、哲理、生活、理想、愿望、憧憬等。游人在游园时领略的已不仅是眼睛能够看到的景象,还有不断在头脑中闪现的"景外之景";不仅能够满足感官(主要是视觉感官)上的美的享受,还能够唤起以往经历的记忆,从而获得不断的情思激发和理念联想,即"象外之旨"。

匾题和对联既是诗文与造园艺术最直接的结合而表现园林诗情的主要手段,也是文人参与园林创作、表述园林意境的主要手段。它们使得园林中的大多数景象无往而非"寓情于景",随处皆可"即景生情"。因此,园林中的重要建筑物一般都悬挂匾和楹联,其文字点出了园林的精粹;同时,文字作者的借景抒情也感染游人从而激起他们的浮想。优秀的匾、楹联作品尤其如此。苏州的拙政园中有两处赏荷花的地方,一处建筑物的匾题为"远香堂",另一处为"留听馆"。前者得之于周敦颐咏莲的"香远益清"句,后者出自李商隐"留得残荷听雨声"的诗句。一样的景物由于匾题的不同给人以两般的感受,物境虽同而意境则殊。北京颐和园临湖的夕佳楼坐东朝西,"夕佳"二字的匾题取意于陶渊明的诗句:"山气日夕佳,飞鸟相与还;此中有真意,欲辨已忘言。"游人面对夕阳残照中的湖光山色,若能联想陶诗的意境,则对眼前景物的鉴赏势必会更深一层。昆明大观楼位于滇池畔,悬挂着当地名士孙髯翁所作的 180 字长联,号称"天下第一长联"。上联咏景,下联述史,洋洋洒洒,将眼前的景物状写得全面而细腻入微,将作者即此景而生出的情怀抒发得淋漓尽致。其所表述的意境,仿佛延绵无尽,当然也就感人至深。

游人获得园林意境的信息,不仅通过视觉官能的感受或者借助于文字信号的感受,还通过听觉、嗅觉的感受。诸如十里荷花、丹桂飘香、雨打芭蕉、流水叮咚、桨声欸乃,乃至风动竹篁有如碎玉倾洒,柳浪松涛之若天籁清音,都能以味入景、以声入景而引发意境的遐思。曹雪芹笔下的潇湘馆,那"凤尾森森,龙吟细细"更是绘声绘色,点出此处意境的浓郁蕴藉了。

正由于园林的意境蕴含得如此深广,中国古典园林所达到的情景交融的境界,也就远非其他的园林体系所能企及的了。

如上所述,这四大特点乃是中国古典园林在世界上独树一帜的主要标志。其成长乃至最终形成,固然受到政治、经济、文化等诸多复杂因素的制约,而从根本上来说,与中国传统的天人合一的哲理以及重整体、重直觉感知、重综合推衍的思维方式的主导也有着直接的关系。可以说,四大特点本身正是这种哲理和思维方式在园林艺术领域的具体表现。园林的全部发展历史反映了这四大特点的形成过程,园林的成熟也意味着这四大特点的最终形成。

(三)中国近代和现代园林

19 世纪末,中国封建文化随着封建社会的解体而日趋没落,古典园林亦暴露其衰微的倾向。进入 20 世纪,尤其是第二次世界大战以后,现代园林作为世界性的文化潮流不断地冲击着古老的民族传统。处在这样的新旧文化激烈碰撞、社会急剧变革的时期,中国新园林的发展也相应地经历着一个严峻的由现代化启蒙到变革的过程——由封闭的、古典的体系向开放的、非古典的体系转化的过程。

1. 中国近代园林

1840 年鸦片战争后,特别是辛亥革命后,中国的园林历史进入一个新的阶段。其主要标志是公园的出现,西方造园艺术大量传入中国。从鸦片战争到新中国成立这个时期,中国园林发生的变化是空前的,园林为公众服务的思想,使园林作为一门科学得到了发展。一些高等院校,如中央大学、浙江大学、金陵大学等,开设了造园课程。1928 年,中国造园学会成立。

(1)租界公园

鸦片战争后,帝国主义国家利用不平等条约在中国建立租界。他们掠夺中国人民的财富在租界建造公园,以满足殖民者的需要,并长期不准中国人进入。这类公园比较著名的有上海的外滩公园(或称外滩花园,现黄浦公园,建于 1868 年)、虹口公园(建于 1900 年)、法国公园(又名顾家宅公园,现复兴公园,建于 1908 年);天津的英国公园(现解放公园,建于 1887 年),法国公园(现中山公园,建于 1917 年)等。1926 年,在五卅运动和北伐战争的影响下,上海的公共租界工部局才内定将公园对中国人开放,后于 1928 年付诸实施。

(2)中国自建的公园

随着资产阶级民主思想在中国的传播,清朝末年,便出现了首批中国自建的公园,包括齐齐哈尔的龙沙公园(建于 1897 年)、无锡的城中公园(建于 1906 年)、北京的农事试验场附设公园(建于 1906 年,现为北京动物园的一部分)、成都的少城公园(建于 1910 年,现人民公园),南京的玄武湖公园(建于 1911 年)等。这些公园多为清朝地方当局所开辟,只有无锡城中公园为当地商人集资营建。辛亥革命后,北京的皇家苑囿和坛庙陆续开放为公园,包括 1912 年开放的城南公园(先农坛),1914 年开放的中央公园(社稷坛,现中山公园),1924 年开放的颐和园,1925 年开放的北海公园。许多城市(主要在沿海和长江流域)也陆续建设公园。有些公园是新建的,如广州的中央公园(现人民公园,建于 1918 年)和黄花岗公园(建于 1918 年)、重庆万州的西山公园(建于 1924 年)和重庆中央公园(建于 1926 年,现人民公园)。南京的中山陵(建于 1926—1929 年),建筑为建筑师吕彦直设计,园林为园艺家章守玉设计,是气势宏伟的优秀陵园。有些公园是将过去的衙署园林或孔庙开放,供公众游览,如四川新繁的东湖公园(1926 年开放),上海的文庙公园(1927 年开放,现南市区文化馆)。抗日战争前夕,全国已经建成数百个公园。从抗日战争爆发至 1949 年,各地的园林建设

基本上处于停滞状态。

在中国近代公园出现的同时,一些军阀、官僚、地主和资本家仍在建造私园,如府邸、墓园、避暑别墅等。较有代表性的是荣德生建的梅园(1912),王禹卿建的蠡园(1927),均在无锡。这个时期建造的私园有的按中国传统风格建造,不过艺术水平已不如明清时期,有的模仿西方形式建造,还有的中西风格混杂(当时称为中西合璧),很少有优秀作品。

(3)西方造园艺术的传入

西方造园艺术传入中国,虽然可上溯到清代乾隆时期的圆明园西洋楼,甚至明末清初东南沿海一带一些绅商的私人花园,但影响很小。租界建造的公园和宅园才使西方造园艺术为较多的人所认识。租界公园的风格,以当时盛行全世界的英国式为主。小公园以英国维多利亚式较多,如上海的外滩公园和天津的英国公园;大公园如上海的虹口公园和兆丰公园(现中山公园,建于1914年)多为英国风景式的公园。

其他风格的造园手法,在租界公园和当时的一些中国园林中也可以看到。例如上海的凡尔登公园(现国际俱乐部)和法国公园的沉床园,都具有法国勒·诺特尔式风格;河南鸡公山的颐楼和无锡锡山南坡的水阶梯,具有意大利台地园风格;上海的汇山公园(现杨浦区劳动人民文化宫)局部风景区是荷兰风格。

另外,入侵中国的俄国、德国和日本等帝国主义,也将他们本国的园林风格带到了中国,例如天津就曾建有俄国公园、德国公园、大和公园(都已损坏)。但这些国家的园林风格在中国的表现都不是很纯正的,外来的各种风格常互相混杂或者同传统的中国风格相混杂。外来的园林风格除了对沿海、长江流域和个别边疆地区(如云南、新疆、黑龙江)有明显影响外,对其他地区影响甚微。

2. 中国现代园林

中国现代公园主要是指1949年新中国成立以后营建、改建和整理的城市公园。

根据2017年最新的《城市绿地分类标准》,我国城市绿地分类采用大类、中类、小类三个层次。公园绿地属于大类层次,其中类包括综合公园、社区公园、专类公园、游园。专类公园小类含动物园、植物园、历史名园、遗址公园、游乐公园和其他专类公园。

1949年以来,中国现代公园的发展大致经历了五个阶段。

(1)恢复、建设时期(1949—1959)

新中国成立后,不少城市人民政府将原来仅供少数人享乐的场所改造为供广大人民群众游览、休息的园地,很少新建公园。随着国民经济的恢复,我国于1953年开始实施第一个国民经济发展计划,城市园林绿化也由恢复进入有计划、有步骤的建设阶段。许多城市开始新建公园,加强苗圃建设,进行街道绿化,并开展工厂、学校、机关以及居住区的绿化,使城市面貌发生了较大变化。

(2)调整时期(1960—1965)

由于遭受严重自然灾害和经济工作上的失误,以及国际环境的影响,国民经济建设面临严重困难,转入调整、巩固、充实、提高的时期。在严重困难的形势下,园林绿化的资金大大压缩,建设工程被迫停下来。为了渡过难关,片面、过分地强调"园林综合生产""以园养园",也使园林绿化工作受到不少影响,出现了公园农场化和林场化的倾向。

(3)损坏时期(1966—1976)

在损坏时期,园林绿化受到了严厉的批判,城市中,特别是居住区、单位庭院内的绿地大量被侵占。与此同时,城市园林绿化的管理机构、科研院校也遭到厄运。全国城市园林绿化事业受到了历史性的破坏。

(4)蓬勃发展时期(1977—1989)

十一届三中全会后,在党中央的正确领导下,国家将园林绿化事业提高到两个文明建设的高度来抓,制定了一系列方针政策,使园林绿化事业得到了恢复和发展,呈现出一派欣欣向荣的景象,使园林绿化事业得到了新生。1978 年 12 月,国家基本建设委员会召开第三次全国城市园林绿化工作会议,会议首次提出了城市园林绿化的规划指标:城市公共绿地面积,近期(1985)争取达到人均 4 m²,远期(2000)达到 6~10 m²,新建城市的绿地面积不得低于用地总面积的 30%,旧城改造保留的绿地不得低于 25%。城市绿化覆盖率,近期达到 30%,远期达到 50%。1981 年 12 月 13 日,第五届全国人民代表大会第四次会议通过了《关于开展全民义务植树运动的决议》,各级政府在城市建设中贯彻了"普通绿化和重点美化相结合"的方针,发动市民植树、种花、种草,绿化街道、河道、沟渠等,取得了良好的效果。截至 1988 年年底,全国园林绿化总面积已达 308 000 hm²,其中公共绿地 52 000 hm²,人均公共绿地 3.3 m²,建成区绿化覆盖率 17%,76 个城市达 20%~30%,40 个城市为 30% 以上。全国的城市公园有 1653 个。

(5)巩固前进时期(1990 年至今)

进入 20 世纪 90 年代,随着我国城市化进程的加快,城市环境问题越来越突出。一方面,对于园林绿化对改善城市环境的作用,人们的认识越来越高;另一方面,一些地方城市建设中侵占园林绿地的现象也不少。因此,这个时期的园林绿化建设是随着城市环境综合整治的深入、法制建设的加强以及创建园林城市活动发展而稳步前进的。1990 年 8 月 13—18 日,建设部和辽宁省人民政府共同召开全国城镇环境综合整治现场会,随后,在全国范围内开展了城市环境综合整治活动。这项活动的持续开展,对 90 年代城市园林绿化的发展起到了巨大的推动作用。为加强城市园林绿化的立法工作,国务院于 1992 年 6 月颁布了《城市绿化条例》(简称《条例》)。《条例》的颁布,对加大行政执法的力度、依法严格处理破坏园林绿化的事件,对保护城市绿化的成果起到了重要作用。建设部制定的《园林城市评选标准》,进行"园林城市"评选活动的深入展开,将全国城市园林绿化建设推向了一个新的高度。

21 世纪以来,随着经济的发展,全国各地再次掀起城市建设的高潮,城市景观建设是其重点。全国绿化委员会办公室发布《2010 年中国国土绿化状况公报》,全国城市建成区绿化覆盖面积已达到 149.45 万 hm²,建成区绿化覆盖率达 38.22%,绿地率达 34.17%,人均公园绿地面积 10.66 m²。

中国各地的现代园林在长期的发展中逐步形成了一些独特的地方风格。广州园林的地方风格:植物造景情调热烈,形成四季花海;园林建筑布局自由曲折,造型流畅轻盈;山水结构注重水景的自然布局;擅长运用塑石工艺和"园中园"形式等。哈尔滨园林的地方风格:多采取有轴线的规整形式进行平面布局;园林建筑受俄罗斯建筑风格的影响,大量运用雕塑和五色草花坛作为园林绿地的点缀;以夏季野游为主的游憩生活的内容和冬季利用冰雕雪塑造景。福州园林吸取中国古典园林和西方现代园林的精华,结合当地文化、风土民情,创造出具有特色的意象园林。新的技术也应用到园林绿化中,如计算机的应用使园林规划设计摆脱了以前的笨重的绘图工具,一些应用软件如 AutoCAD、Photoshop、3D Max、Flash、SketchUp 等使设计的园林作品更加漂亮直观,且具有动画效果。随着信息化时代的来临,数字地球、数字城市是人类社会信息化发展过程中的重要概念和基本目标。CAD 技术可以提供便捷和精确的概念表述方法,但该技术无法为景观设计师提供空间信息采集、分析、处理、管理、储存、更新,以及景观成像上连贯的并且相互兼容的一系列功能。近年来,以 3S(全球定位系统 GPS、遥感 RS、地理信息系统 GIS)技术为代表的空间信息系统集成技术的发展,改变了原来单纯依靠 CAD 系统进行电脑制图的传统设计方法,其提供的强大的空间信息采集、处理和模拟成像能力为数字地球的实现提供了现实途径,深刻影响园林规划设计的基础手段,为制订科学的规划提供了现代化的技术手段。

二、外国园林史概述

一般认为,园林有中国、西亚、欧洲三大体系。中国园林对日本、朝鲜及东南亚影响深远,主要特色是山水、植物、建筑相结合的自然式布局形式。日本园林作为中国园林的一个分支,在其发展演变过程中形成了

自身的特点。西亚园林古代以巴比伦及阿拉伯地区的叙利亚、伊拉克及波斯为代表,主要特色是花园。古埃及园林是西方园林的起源,介于西亚系和欧洲系之间,一般被归入西亚系。欧洲园林以古希腊、古罗马、意大利、法国、英国为代表,各有特色,基本以规则式布局为主,以自然景物为辅。

(一)日本庭院

日本气候湿润多雨,山清水秀,为造园提供了良好的客观条件。日本人民崇尚自然,喜爱户外活动。中国的造园艺术传入日本后,经过长期实践和创新,形成了日本独特的园林艺术。

1. 日本庭院风格——缩景园

日本庭园特色的形成与日本人民的生活方式与艺术趣味,以及日本的地理环境密切相关。日本多山、多溪流瀑布,特别是瀑布,作为神圣、庄严、雄伟、力量的象征,历来为日本人民所崇敬、喜爱。日本是岛国,海岸线曲折复杂,有许多优美的港湾,气候为海洋性气候,植物资源丰富,这都影响造园的题材和风格。

日本庭院在古代受中国文化,尤其是唐宋山水园的影响,后又受日本宗教影响,逐渐发展成了日本所特有的"山水庭",十分精致细巧。它是模仿自然风景,并缩景于一块不大的园址上,象征一幅自然山水风景画,因此有人说日本庭院是自然风景的缩景园。

2. 日本庭院形式

(1)筑山庭

筑山庭主要包括山和池,一般规模较大,表现山岭、湖池,还有海岸、河流等景观。特别值得一提的是另外一种筑山庭形式——"枯山水"。它是受禅宗思想影响,以我国北宋山水画为基础的写意庭园,到了室町时代(日本园林最盛时期),发展为有日本艺术气质的独立石庭,即所谓"枯山水",又称涸山水、唐山水。它用白砂象征水,在水中置石,用以模拟大海、岛屿、山峦以及河流、瀑布。这种以纯粹观赏为特点的庭园形式,力求在一个很小的空间内表现出广阔而浩瀚的自然景观,其写意手法与禅宗僧徒面壁参悟、内省的修炼方式是十分吻合的。日本枯山石庭中最为典型的是京都龙安寺石庭(见图2-9)。筑山庭即所谓鉴赏"山水园",以山为主景,以流自山涧的瀑布为焦点。山分主山、客山,山前有池,池中有中岛,池右为"主人岛",池左为"客人岛",以小桥相连。山以土为主,山上植盆景式的乔灌木模拟林地。

(2)平庭

平庭一般布置于平坦园地上,有的堆土山,有的仅于地面布置一些大小不等的石组,布置些石灯笼、植物和溪流,象征山野和谷地的自然风貌。岩石象征山,树木代表森林。

(3)茶庭

茶庭只是一小块庭地,单设或与庭园其他部分隔开,一般面积很小,布置在筑山庭或平庭之中,四周由竹篱围起来,由庭门和小径通过,到最主要的建筑,即茶汤仪式的茶屋。茶庭中有洗手钵和石灯笼装饰。茶庭植物主要是常绿树,极少用花木,庭地和石山上有青苔,表现出自然的意境,创造出深山幽谷的清凉天地,与茶的气氛协调,使人进入茶庭犹如远离尘世一般。

3. 日本庭院的造园要素

造园要素是组成庭院内涵的基本单位,庭院中需要表现和反映的主题都是通过造园要素的组合来表达的。石灯笼、石组、潭等都有完整独立的分类和含意。

(1)石组

石组是指在不加任何修饰、加工状态下的自然山石的组合。石一般象征山,还有永恒不灭、精神寄托的

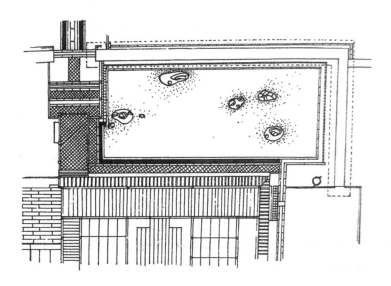

图 2-9 京都龙安寺石庭平面图

含意,一般有三尊石、须弥山石组、蓬莱石组、鹤龟石组、七五三石组、五行石和役石等(见图 2-10)。

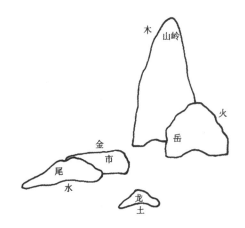

图 2-10 日本石组造景

(2)飞石、延段

日本庭院的园路一般用砂、砂砾、切石、飞石和延段等做成,特别是茶庭,用飞石和延段较多。飞石类似于中国园林中的汀步,按照不同的石块组合分四三连、二三连、千鸟打等,两条路交叉处放置一块较大石块,称踏分石。延段即由不同石块、石板组合而成的石路,石间为缝,不像飞石那样明显分离。

(3)潭和流水

潭常和瀑布成对出现,按落水形式不同分为向落、片落、结落等。为了模仿自然溪流,流水中常设置各种石块,转弯处常设立石,水底常设底石。稍露水面者称越石,起分流添景之用者称波分石。

(4)石灯笼

石灯笼最初是寺庙的献灯,后广泛用于庭院。其形状多样,根据庭院样式、规模、配置地的环境而定。

(5)石塔

石塔可分为五轮塔、多宝塔、三重塔、五重塔和多层塔等,其中体量较大的五重塔、多层塔可单独成景,体量较小者可作添景,一般应避免正面设塔。

(6)种植

日本庭院中的树木多加以整形,日本人称其为役木。役木又分为独立形和添景形两种。独立形役木一

般作为主景欣赏,添景形役木则配合其他物件使用,如灯笼控木配合石灯笼造景。

(7)手水钵

手水钵是洗手的石器。较矮的手水钵一般旁配役石,合称蹲踞;较高者称立手水钵;若手水钵与建筑相连,则称缘手水钵。

(8)竹篱、庭门和庭桥

日本多竹,竹篱十分盛行,其做工十分考究。庭门和庭桥形式较独特,种类也丰富。

(二)古埃及与西亚园林

1. 古埃及园林

埃及位于非洲大陆的东北角,冬季温和,夏季酷热。埃及文明的发展首先得益于尼罗河。埃及森林稀少,重视引水灌溉,同时,土地规划促进了数学和测量学的发展,这都影响了古埃及园林的布局形式。早在古王国时代,就有了种植果木和葡萄的实用园。游乐性园林出现在新王国时代。古埃及园林大致有宅园、圣苑、墓园三种类型。

埃及早在公元前 4000 年就进入了奴隶制社会,到公元前 28 世纪至公元前 23 世纪,形成法老政体的中央集权制。法老(埃及国王)死后兴建金字塔作为王陵,即墓园。金字塔浩大、宏伟、壮观,反映出当时埃及的科学与工程技术已很发达。金字塔四周布置规则对称的林木;中轴为笔直的祭道,控制两侧均衡;塔前留有广场,与正门对应,营造庄严、肃穆的气氛。奴隶主的私园以绿荫和湿润的小气候作为追求的主要目标,以树木和水池作为主要内容。

2. 古巴比伦园林

西亚地区的叙利亚和伊拉克也是人类文明的发祥地之一。早在公元前 3500 年时,西亚地区就已经出现了高度发达的古代文化。奴隶主在宅园附近建造各式花园,作为游憩观赏的乐园。奴隶主的私宅和花园一般都建在幼发拉底河沿岸的谷地草原上,引水注园。花园内筑有水池或水渠,道路纵横方直,花草树木充满其间,布置得非常整齐美观。基督教《圣经》中记载的伊甸园被称为"天国乐园",就在叙利亚首都大马士革城附近。巴比伦、亚述或大马士革等西亚地区有许多美丽的花园。新巴比伦王国宏大的都城有五组宫殿,不仅异常华丽壮观,而且在宫殿上建造了被誉为世界七大奇观之一的"空中花园"。

3. 波斯园林

公元前 6 世纪,波斯帝国灭新巴比伦王国,征服埃及,成为闻名世界的东方强国之一。公元前 6 世纪至公元前 4 世纪正是《旧约》逐渐形成的时期,所以波斯的造园除受古埃及、古巴比伦的影响外,还受《旧约》中伊甸园(天国乐园)的影响。在自然条件方面,波斯地处荒漠的高原地区,干旱少雨,夏季十分炎热。波斯地区名花异卉资源丰富,人们对花卉的繁育也较早。

7 世纪初,波斯被阿拉伯人所灭,穆罕默德(Muhammad,约 570—632)以伊斯兰教统一了整个阿拉伯世界并对外扩张,建立阿拉伯帝国。阿拉伯人吸收了波斯的造园艺术,并与自己民族的文化融合,形成了波斯伊斯兰式园林,并影响到其他地区。

伊斯兰园林中富有特色的十字形水渠体现了"水、乳、酒、蜜"四条河流汇集的概念。伊斯兰园林往往以水池和水渠划分庭院,水缓缓流动,发出轻微的声音,建筑物大都通透开敞,使园林蕴含一种深沉、幽雅的气氛;矩形水池、绿篱、下沉式花圃、道路均按中轴对称形式分布。几何对称式布局、精细的图案和鲜艳的色彩,是伊斯兰园林的基本特征。

(三)意大利文艺复兴式园林

意大利文艺复兴式园林兴起于文艺复兴的开始,衰败于文艺复兴的结束。文艺复兴运动是指 14 世纪从意大利开始的、15 世纪以后遍及西欧的资产阶级在思想文化领域中反封建、反宗教神学的运动,前后历时 300 多年。文艺复兴运动不仅是希腊、罗马古典文艺的再生,也不单纯是意识形态领域的运动,更重要的是欧洲社会经济基础的转变,是促使欧洲从中世纪封建社会向近代资本主义社会转变的一场思想解放运动。文艺复兴运动在精神文化、自然科学、政治经济等方面都具有重大而深远的意义。意大利文艺复兴式园林在这场伟大的运动中经历了初期的发展、中期的鼎盛和末期的衰落三个阶段,折射出文艺复兴运动在园林艺术领域从兴起到衰落的全过程。意大利文艺复兴式园林在文艺复兴初期多流行美第奇式园林,代表作为法尔奈斯庄园;文艺复兴中期多流行台地式园林,代表作为兰特庄园;文艺复兴后期主要流行巴洛克式园林,代表作为阿尔多布兰迪尼庄园。

由于意大利丘陵起伏的地形和夏季闷热的气候,人们多由闷热潮湿的地方迁居到郊外或海滨的山坡上,在这种山坡上建园,视线开阔,有利于借景俯视,这样便形成了意大利独特的园林风格——台地园。

意大利台地园一般依山就势,辟出台层,主体建筑在最上层,可眺望远景和低处台层的园林。每个台层用挡土墙分隔,因此出现了洞府、壁龛、雕塑小品。水在意大利台地园中是极重要的题材,充分利用地形高差形成不同的水景,上层常为水池,起蓄水的作用,然后顺坡势往下利用高差形成叠水、跌水、瀑布。在下层台地部分,可利用水位差做成喷泉,在最底层台地,可把水汇成水池。初期的水池与雕塑相结合,后期强调水本身的景观。在音响效果上,运用水的乐音组成乐曲。从最高层台地开始,急湍的奔腾是第一乐章,缓流和瀑布是第二乐章,平静的水池倒影是第三乐章。建筑与园林成为统一体,园林是建筑的扩展、延伸,是户外的起居室,建筑周围的植物多为整形式,远离建筑的部分,线条渐柔和,把视线引向自然的怀抱。高大植物留透视线,形成框景,中、下层台地多为绿丛植坛,做成各式图案,以供俯视图案美。植物以常绿树为主,很少用色彩鲜艳的花卉,多运用明暗浓淡不同的绿色进行配置,增加变化,园路两旁注意遮阴,以防夏季阳光照射。主要植物材料有黄杨、冬青、女贞、杉树等。

(四)法国古典主义园林

17 世纪,意大利文艺复兴式园林传入法国。法国多平原,很难直接学习意大利台地园。广阔的平原地带,森林茂密,水草丰盛,有大的河流湖泊,形成了法国园林传统特征:一是森林式栽植,二是河流湖泊式理水。路易十四时期,法国国力强盛,根据自然条件,吸收意大利等国的园林艺术成就,创造出具有法国民族特征的园林风格——精致而开朗的规则式园林。宏伟的凡尔赛宫,是这种形式杰出的代表作,在西方造园史上写下了光辉的一页。

凡尔赛宫(见图 2-11)占地大约 600 hm²,包括"宫"和"苑"两部分。广大苑林区在宫殿建筑西面,由著名的造园家勒·诺特尔设计。它有一条自宫殿中央往西延伸长达 2 km 的中轴线,西侧大片的树林把中轴线衬托成为一条极宽阔的林荫大道,自东向西消逝在无垠的天际。林荫大道的设计分为东西两段,西段以水景为主,包括十字形的大水渠和阿波罗水池,饰以大理石雕像和喷泉。十字水渠横臂的北端为别墅园,南端为动物饲养园。东段的开阔平地上是左右对称布置的几组大型的"绣毯式样植坛"。大林荫道两侧的树林里隐蔽地分布着一些洞府、水景、剧场、迷宫、小型别墅等,是较安静的观赏场所,树林里还开辟出许多笔直交叉的小林荫路,它们的尽端都有对景。中央大林荫道上的水池、喷泉、台阶、保坎、雕像等建筑小品以及植坛、绿篱均严格按对称的几何格式布置,是规整式园林的典范。

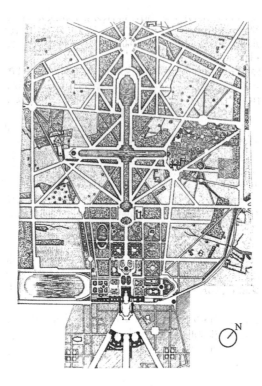

图 2-11　凡尔赛宫平面图

(五)英国风景式园林

英国风景式园林兴起于 18 世纪初期。英国园林开始追求自然美,反对呆板、规则的布局,传统的风景园得以复兴发展,尤其是英国造园家威廉·康伯介绍了中国自然式山水园后,英国出现了崇尚中国式园林的风潮,后又在伦敦郊外建造了丘园,影响颇大。这时田园、歌曲、风景画盛行,出现了爱好自然热。19 世纪以后,英国园林成熟地发展为自然风景园林。

英国风景式园林的特点是发现自然美,园林中常有自然的水池和略有起伏的大片草地。在大草地中的孤植树、树丛、树群均可成为园林的一景,道路、湖岸、林缘线多采用自然圆滑曲线,追求“田园野趣”,小路多不铺装,任游人在草地上漫步或做运动。善于运用风景透视线,采用“对景”“借景”手法,对人工痕迹和园林界墙,均以自然式处理隐蔽。从建筑到自然风景,采用由规则向自然的过渡手法。植物采用自然式种植,种类繁多,色彩丰富,常以花卉为主题。此外,英国风景式园林在植物丰富的条件下运用了对自然地理、植物生态群落的研究成果,把园林建在生物科学的基础上,创建了各种不同的生态环境,后来发展到以某种风景为主题的专类园,如岩石园、高山植物园、水景园、杜鹃园、百合园、芍药园等。这种专类园对自然风景有高度的艺术表现力,对造园艺术的发展有一定的影响。

(六)美国园林

美国国家历史不长,园林作为社会文化的一个组成部分,与美国社会生活有着密切的联系,所以美国园林也在美国特定的社会和自然条件下,形成了自己的风格。美国是一个移民国,不同国家的人带来了各自的文化,在园林的形式和风格上,也反映了各自的特点,因此美国园林风格多样,内容丰富,同时具有一定的混杂性。美国地理环境及气候比较好,森林与植物资源丰富,所以美国的现代园林比较注重自然风景。

时至今日,美国仍在努力开辟更多的城市公园绿地,以改善生活环境。在建设过程中,美国园林不断吸收他国园林艺术的优点,同时,美国园林利用本国的自然特色和在营造技术及材料上的不断创新,使园林表现手法趋于多样化,且注重天然风景与人文建筑的有机组合,使园林在规模上趋于宏大等。这些主要特点正逐步形成美国园林的风格。美国在推动美国园林建设和发展的同时,对世界的园林事业产生了较大的影响,做出了重要的贡献。

第一个贡献是提出了"国家公园"(national park)概念,创立了世界上第一个国家公园。国家公园是在一个比较大的区域内,未受到破坏、生态系统比较完整的,自然景观美丽的地区,包括自然界地质变迁遗迹,野生的动植物,具有特殊的科学、教育和娱乐价值的地区,具有非常优美的自然风景的地区。国家公园由国家最高主管部门(国家公园管理局)统一管理,并有效地保护公园的生态、地貌或美的特色,为了达到精神享受、教育、文化和娱乐的目的,允许游人进入游览、探奇。美国国家公园有其独立完整的体系,即国家公园系统。

第二个贡献是提出了"风景建造"(landscape architecture,有的译为风景建筑)的概念,建造了较有影响的现代城市公园。美国最早的园林,多承袭英国的风格,后来美国的造园家在承袭的基础上,结合美国的地理、气候及人们的需求,逐步发展形成了自己的特点。美国近代造园家奥姆斯特德提出纽约中央公园的设计方案,于1858年获得政府通过,后被欧洲以及世界许多造园家接受,成为世界造园学上通用的名词。纽约中央公园(见图2-12)是世界正规的现代城市公园的典范。随后,美国的其他城市也相继兴起了现代城市公园的建设并对世界上其他国家的城市公园建设产生了积极的影响。纽约中央公园位于曼哈顿区繁华地段,面积约340 hm²。经多年的建设,1873年才最终建成,游人可自由出入,不收门票,园内有游步道、马车道,游人可坐马车观赏景色;还有网球场、游泳及滑冰两用池,儿童游戏场;夏天还举行露天音乐会;草坪所用的草种多为羊茅草、黑麦草;乔木有悬铃木、山毛榉、黄金树、枫树、樱花树等,树木枝繁叶茂。林荫道两旁塑了不少雕像。由于这里生态环境好,许多鸟类都在公园内生活,中央公园成为鸟语花香的地方。

图 2-12　纽约中央公园平面图

第三个贡献是提出"城市森林"的概念。目前美国正在开展这种"城市森林"的运动。这场运动的意义远远超过了美国建成第一个城市大型公园——纽约中央公园以及掀起的一场城市公园运动所产生的社会效益。"城市森林"这个概念产生于1965年。乔根森在加拿大的多伦多大学第一次介绍了"城市森林"这个概念。它包括所有的城镇、乡村的道路、溪流、湖泊、牧场、荒野和其他大片的森林地带。城市森林是一个改革的概念,改变了单株树的意义,也就是将整个城市的树木归纳于一个森林的范畴进行系统的规划和管理。这样做的结果是提供了尽可能完善的城市环境效益。城市森林的规划要求:它必须有景观构图,以生态学为基础;树种有较强的适应性,以当地树种为主,并具有教育意义,应是为群众所喜爱的树木。

"城市森林"这个概念的产生和发展,意味着当今世界园林概念的发展,园林不再是"在一定范围内",而应该有更广的内涵:它有范围,又"没有范围"。它最深刻的含义是处理人与自然、人类与环境的直接关系,即克服环境污染、重视环境生态、保护自然,最终使人类回归大自然的怀抱。

三、世界园林的发展趋势

世界园林的发展经历了农业时代、工业时代和后工业时代三个阶段,每个阶段都与特定的社会发展相适应,都是在不断地迎接社会挑战中开拓专业领地,使园林专业人员在协调人与自然关系中发挥其他专业不可替代的作用。

现代园林更具开放性,强调为公众群体服务,注重精神文化,并同城市规划、环境规划相结合,面向资源开发与环境保护,将景观作为一种资源对待,如美国有专门的机构及人员运用 GIS 系统管理国土上的风景资源,尤其是城市以外的大片未开发地区的景观资源。不同的社会阶段有不同的园林和相关专业,体现不同的服务对象、改造对象、指导思想和理念。随着社会的发展,人类面临来自生存方面的种种挑战,园林学科向纵深方向发展成为历史必然。

(一)现代园林面临的环境问题及挑战

现代园林面临以下环境问题和挑战。

①城市化进程加快,环境状况持续恶化,人居环境质量不断下降。

②土地资源极度紧张,城市绿地减少,建筑密度加大,城市人口急速膨胀。

③户外活动空间不足,难以满足人们身心再生过程的需求。

④自然资源有限,生物多样性保护迫在眉睫,自然生态系统十分脆弱。

⑤经济制约,难以实现高投入的城市园林绿化和环境维护工程。

⑥文化趋同性,传统园林文化,乡土文化及地方、民族文化受到前所未有的冲击。

⑦环境评价体系的量化需求与园林环境的复杂性之间的矛盾日益突出。

⑧人类生存环境可持续发展的要求。

(二)现代园林的发展特征

随着社会的发展、环境的变迁以及现代人的诸多变化,园林的发展进入了一个全新的时期,现代园林发展有以下的特征。

①在重视园林艺术性的同时,更加重视园林的社会效益、环境效益和经济效益。

②保证人与大自然的健康,提高和改善自然的自净能力。

③运用现代生态学原理及多种环境评价体系,通过园林对环境进行有针对性的量化控制。

④在总体规划上,树立大环境意识,把全球或区域作为一个生态系统来对待,重视多种生态位的研究,运用园林来调节。

⑤重视园林绿化的健康性,避免因绿化材料等运用不当对不同人群造成身体过敏性刺激和伤害。

⑥针对现代人的特点,重视园林环境心理学和行为学的研究。

⑦全球园林向自然回归、向历史回归、向人性回归,风格上进一步向多元化发展,在建筑与环境的结合上,园林局部界限进一步弱化,形成建筑中有园林、园林中有建筑的格局,城市向山水园林化方向发展。

⑧绿色思想体系指导下的高科技运用在园林发展中的作用日益显著。

◈➔ |思考题| ......

    1.简述中国古典园林的发展历程。

    2.简述中国古典园林的特点。

    3.简述外国园林的代表形式。

    4.简述世界园林的发展趋势。

Yuanlin Guihua Sheji

第三章
园林规划设计的基本理论

一、园林美的概述

(一)园林美的定义

园林美是园林设计师对生活和自然的审美意识、思想感情、理想感情、理想追求的综合表达,是优美的园林形式的有机统一,是自然美、艺术美和社会美的高度融合。园林美不是各种造园素材单体美的简单拼凑,而是各种素材类型之美的相互融合,从而构成完整的园林美的综合体。园林美是衡量园林艺术作品表现力的主要标志。

(二)园林美的属性及特征

园林属于五维空间的艺术范畴,一般有两种提法,一是长、宽、高、时空和联想空间(意境);二是线条和平面空间、时间空间、静态立体空间、动态流动空间、心理思维空间。两种提法都说明园林是物质与精神空间的总和。

园林美具有多元性,园林美也有多样性,主要表现在历史、民族、地域、时代性的多样统一之中。

园林作为一个现实生活境域,营建时必须借助物质材料,如自然山水、树木花草、亭台楼阁、假山奇石,乃至物候天象。因此园林美首先表现在园林作品的形象实体上,如假山的玲珑剔透、树木的花红叶绿、山水的清秀明洁……这些材料构成了园林美的第一种形态——自然(生态)美。

园林美又借山水花草,运用种种造园手法和技巧,来传述人们特定的思想情感,这种象外之境即为园林意境,重视艺术意境的创造,是中国古典园林在美学上的最大特点。在有限的园林空间里,模拟自然,造成咫尺山林、小中见大的效果,艺术空间被拓宽了,如扬州的个园,成功地布置了四季假山,运用不同的素材和技巧,使春、夏、秋、冬四时景色同时展现,从而延长了园景的时间、空间。这种拓宽艺术时空的手法构成了园林美的第二种形式——意境(人文)美。

当然,园林艺术作为一种社会意识形态自然要受制于社会,表现主人的思想倾向。例如,法国的凡尔赛宫布局严整,是当时法国古典主义文艺思潮的反映,是君主政治至高无上的象征。再如上海某公园的缺角亭,缺角后就失去了其完整的形象,但它有着特殊的社会意义:建此亭时,正值东北三省沦陷于日本侵略者手中,园主故意将东北角去掉,表达了为国分忧的爱国之心。这就是园林美的第三种形式——社会美。

可见,园林美应当包括自然美、意境美、社会美三种形态。

(三)园林美的主要内容

自然美以其形式取胜,园林美则是形式美与内容美的高度统一。园林美的主要内容包括以下几个方面。

①山水地形美。山水地形美包括地形改造、引水造景、地貌利用、土石堆山等,形成园林的骨架和脉络,为植物种植、游览建筑设置和视景点的控制创造条件。

②气候天象美。气候天象美包括观云海霞光,看日出日落,水帘烟雨、雨打芭蕉、泉瀑松涛、踏雪寻梅等。

③再现生境美。再现生境美包括效仿自然,创造人工植物群落和良性循环的生态环境,创造空气清新、温度和湿度适中的小气候。

④建筑艺术美。园林由于游览观赏、服务管理、安全维护等功能的要求需修建一些园林建筑,包括亭台廊榭、殿堂厅轩、门墙栏杆、茶室小卖、展室公厕等。建筑艺术是民族文化和时代潮流的结晶,起着画龙点睛

的作用。

⑤工程设施美。园林中的游道廊桥、假山水景、电照光影、给水排水、挡土护坡等各项设施,要注意艺术处理且应区别于一般的市政设施。

⑥文化艺术美。风景园林常为宗教圣地或历史古迹所在地。"天下名山僧占多",园林中的景名景序、门楹对联、摩崖碑刻、字画雕塑等无不浸透着人类文化的精华,创造了诗情画意的境界。

⑦色彩音响美。园林是一幅五彩缤纷的天然图画,是一曲袅绕动听的美丽诗篇,如蓝天白云、红花绿叶、白墙灰瓦、雕梁画栋、风声雨声、鸟声琴声、欢声笑语。

⑧造型艺术美。园林常运用艺术造型来表现某种精神、象征、礼仪、标志、纪念以及某种体形、线条美。如图腾、华表、雕像、鸟兽、标牌、喷泉及各种植物造型小品等。

⑨旅游生活美。园林是一个可游、可憩、可赏、可学、可居、可食的综合活动空间。园林中方便的生活服务,健康的文化娱乐,清洁卫生的环境,交通便利与治安保证,都将给人们带来生活的美感。

⑩联想意境美。联想和意境是我国造园艺术的特征之一。丰富的景物,通过人们联想和对比,达到见景生情、体会弦外之音的效果。意境一词最早出自我国唐代诗人王昌的《诗格》,说诗有三境,一曰物境,二曰情境,三曰意境。意境是通过意象的深化而构成的心境应合。

二、园林规划设计的依据与原则

(一)园林规划设计的依据

园林设计的最终目的是创造出景色如画、环境舒适、健康文明的游憩境域。一方面,景观是反映社会意识形态的空间艺术,要满足人们精神文明的需要;另一方面,园林又是社会的物质福利事业,是现实生活的实境。所以,园林规划设计还要满足人们良好休息、娱乐的物质文明需要。

1. 科学依据

任何园林艺术创作都要依据工程项目的科学原理和技术要求进行。在园林设计中,设计要依据设计要求结合原地形进行园林的地形和水体规划。设计者必须对该地段的水文、地质、地貌、地下水位、北方的冰冻线深度、土壤状况等资料进行详细了解。可靠的科学依据为地形改造、水体设计等提供物质基础,避免产生水体漏水、土方塌陷等工程事故。各种花草、树木也要根据植物的生长要求、生物学特性,根据不同植物的生长要求进行配置。违反植物生长的科学规律,必将导致种植设计的失败。园林建筑、园林工程设施,更需遵守严格的规范要求。园林规划设计中关系到科学技术方面的问题很多,有水利、土方工程技术方面的问题,有建筑科学技术方面的问题,有园林植物方面的问题,甚至还有动物方面的生物科学问题。所以,园林规划设计的首要问题是要有科学依据。

2. 社会需求

园林属于上层建筑范畴,它要反映社会的意识形态,为广大群众的精神与物质文明建设服务。《雅典宪章》指出:城市规划的目的是保证居住、工作、游憩与交通四大功能活动的正常进行,而游憩活动大多在各类园林绿地上开展。所以,园林设计者要体察广大人民群众的心态,了解他们对公园开展活动的要求,创造出能满足不同年龄、不同兴趣爱好、不同文化层次游人的需要,面向大众,面向人民的园林。

3. 功能要求

园林设计者要根据广大群众的审美要求、活动规律、功能要求等方面的内容,创造出景色优美、环境卫生、具有情趣、舒适方便的景观空间,满足游人的游览、休息和开展健身娱乐活动的功能要求。园林规划设计空间应当富于诗情画意、处处茂林修竹、绿草如茵、繁花似锦、山清水秀、鸟语花香、令游人流连忘返。不同的功能分区,选用不同的设计手法,如儿童活动区要交通便捷,一般要靠近主要出入口,并要结合儿童的心理特点,该区的景观建筑造型要新颖,色彩要鲜艳,空间要开朗,形成一派生机勃勃、充满活力、欢快的景观气氛。

4. 经济条件

在有限投资条件下,发挥最佳设计技能。经济条件是景观设计的重要依据。经济是基础。同样一处景观绿地,可有不同的设计方案,可采用不同的建筑材料、不同规格的苗木、不同的施工标准,将需要不同的建园投资。当然,设计者应当在有限的投资条件下,发挥最佳设计技能,节省开支,创造出最理想的作品。

综上所述,一项优秀的景观作品,必须做到科学性、社会性、功能性、经济性和艺术性紧密结合、相互协调、全面运筹,争取达到最佳的社会效益、环境效益和经济效益。

(二)园林规划设计的基本原则

园林规划设计是一门综合性很强的环境艺术,涉及建筑学、城市规划、景观生态学、社会学、心理学、环境科学和艺术等众多学科,既是多学科的综合应用,也是综合性的创造过程,既要做到科学合理,又要讲究艺术效果,还要符合人们的行为习惯,要以人为核心,在尊重人的基础上,关怀人、服务于人。因此,园林规划设计应遵循以下原则。

1. 科学性原则

科学性就是要做到因地制宜、因时而化,表现为遵循自然性、地域性、多样性、指示性、时间性、经济性,师法自然,结合功能进行设计,园林景观的营造做到“虽由人作,宛自天开”。借鉴当代科学思维模式,充分利用相关学科领域技术、理论和方法,创作具有时代特征的、宜人的、可持续的园林景观。

2. 地域性原则

地域环境和传统文化元素是园林规划设计中不可或缺的元素,园林规划设计离不开传统文化,园林设计时要充分考虑规划地段的自然地域特征和社会文化特征,注重尊重、保留地域文化与地域文化的再利用。设计者应把反映某种人文内涵、象征某种精神内涵的设计要素进行科学合理的布局,让不断演变的历史文化脉络在园林中得到充分体现。

自然环境是人类赖以生存和发展的基础,其地形地貌、河流湖泊、绿化植被等要素构成城市的宝贵景观资源,尊重并强化自然景观特征,使人工环境与自然环境和谐共处,有助于地域景观特色的创造。

3. 艺术性原则

“艺术”源于古罗马的拉丁文“art”,原意指相对于“自然造化”的“人工技艺”。艺术与其他意识形态的区别在于它的审美价值。规划设计必须遵循艺术规律,设计内容和形式必须协调。设计师通过艺术创作来表现和传达自己的审美感受和艺术观念,把人居环境装扮得更加完美,把对生活的审美意义传达给人们。欣赏者通过欣赏来获得美感,提高审美情趣,陶冶审美情操,充分体现园林艺术的教育、感化和愉悦功能。

4. 人性化原则

人是城市空间的主体,任何空间环境设计都应以人的需求为出发点,体现出对人的关怀。真正的现代园林景观设计是人与自然、人与文化的和谐统一,他包含人和人之间的关系、人和自然的关系以及人和土地关系。人有基本的生理层次需求和更高的心理层次需求。设计者应根据婴幼儿、青少年、成年人、老年人、残疾人的行为心理特点、文化层次和喜好等特征,来划分功能分区,创造出满足各自需要的空间,如运动场地、交往空间、无障碍通道等来满足使用者不同的需求。人性设计观的体现,在设计细节的要求上更为突出,如踏步、栏杆、扶手、坡道、座椅的尺度和材质的选择必须满足人的生理层次需求。近年来,无障碍设计在国际上被广泛应用,如广场、公园等的入口处设置供残疾人和盲人使用的坡道。

5. 生态性原则

园林规划设计是在保护的前提下,对开发资源的合理利用。这样才能保证环境的可持续发展。生态设计是直接关系到园林环境质量的非常重要的一个方面,是创造良好、高质、安全园林环境的有效途径。尊重地域的自然地理特征、节约和保护资源都是生态设计的体现。人居环境最根本的要求是生态结构健全,适合人类的生存和可持续发展。园林规划设计应首先着眼于满足生态平衡的要求,为营造良好的生态系统服务;其次要尊重物种的多样性,减少对自然资源的掠夺,保持土壤营养和水循环,维持植物生境和动物栖息地的质量,把这些融入园林规划设计的每个环节,才能达到生态的最大化,才能给人类提供一个健康、绿色、环保、可持续发展的家园。

6. 整体性原则

城市的美体现在整体的和谐与统一之中。古人云"倾国宜通体,谁来独赏眉",说明了整体美的重要性。园林艺术是一种群体关系的艺术,其中的任何一个要素都只是整体环境的一部分,只有相互协调配合才能形成一个统一的整体。

7. 实用性原则

园林规划设计的实用性主要体现在公共环境设施的设计要美观实用。对于户外环境设施而言,由于气候、地理条件的变化,以及日晒雨淋、风吹雪打,随着时间的推移,一些公共设施容易风化与自然损坏,这就需正确、合理、科学地选用材料,并注意材料的性能,考虑零部件的简化、材料来源的便捷、组合方式的合理与更换零件的方便等环节。材料选定后,设计者还要考虑施工技术问题,要选择与材料相适应的、适当的、有效的、方便的技术加工工艺。园林规划设计还要考虑与所处环境的协调,与使用者及其生存、活动空间的协调。不同等级的设计选用不同档次的材料,使环境美化、方便舒适的同时,以成本的优势获得人们的认同。

8. 便利性原则

园林规划设计的便利性主要体现在对道路交通的组织,公共服务设施的配套服务和服务方式的方便程度上。在绿化空间、街道空间、休息空间最大限度地满足功能所需的基础上,设计者还要考虑公共服务设施为使用者的生活所提供的便利,所以要根据使用者的生活习惯、活动特点采用合理的分级结构和宜人的尺度,使小空间内的公共服务半径最短,使用者来往的活动路线最顺畅,并且利于经营管理,这样才能创造出良好的、方便的园林环境。

9. 创新性原则

园林规划设计是在自然环境的基础上,通过创造或改造,运用艺术加工和工程实施而形成的艺术作品。

创新设计是在满足人性化和生态设计的基础上对设计者提出的更高要求,它需要设计者开拓思维,不拘于现有的园林形式,规划设计时遵循自然规律的同时,敢于表达自己的设计语言和个性特色,这就要求园林规划设计者具有独特、灵活、敏感、发散的创新思维,从新的形式、新的方向、新的角度来处理园林的空间、形态、形式、色彩等问题,给人带来崭新的思考和设计观点,从而使园林规划设计呈现多元化的创新局面,从而创造出具有地方特色的个性鲜明的园林环境。

三、园林绿地的布局形式

园林布局(garden layout)就是在立意的基础上,根据园林的特点和性质,确定园林各构成要素的位置和相互之间关系的活动,即合理地组织各类园林要素,进行全面安排及艺术设计的过程,是设计者全面构思过程的表现。

在园林布局之前要先立意,立意是指设计者经过思考后设计的主题,即设计思想的表达,无论是大型还是小型的园林都有明确的主题思想,不可能是漫无目的或随意的,都表达不同时代、不同设计者的思想。

设计者应了解园林所在地区位置的自然条件。《园冶》中说"相地合宜,构园得体",这说明"相地(site investigation)"是关键的一步。所以设计者在了解园址时要详细、深入,把自己的构思与园址的自然条件、周围环境的各方面进行综合的比较,最后得出最佳的方案,所以立意与相地是不可分割的,是园林规划设计的基础工作。

设计者确定了主题思想后就要进行布局,将各种园林要素布置在各景区内,使他们有机地结合起来,与自然环境融为一体,使各景区相互协调,符合功能和性质的要求。园林布局不只是进行平面的排布,它是在工程、技术、经济等各条件下综合园林要素及时间、空间等条件,协调各种关系,确定合理的形式。

古今中外的园林虽然表现方法不一、风格各异,但其园林布局形式主要有规则式、自然式和混合式三种。

(一)规则式园林(又称整形式、图案式或几何式园林)

规则式园林强调整齐、对称和均衡。其最为明显的特点就是有明显的轴线,园林应用以轴线为基础依次展开,追求几何图案美。

这种规划形式以建筑及建筑所形成的空间为主体。西方园林从古埃及、古希腊、古罗马起到18世纪英国风景式园林产生以前,基本上以规则式园林为主,其中又以文艺复兴时期意大利台地建筑式园林和17世纪法国勒·诺特尔平面图案式园林为代表。这类园林以建筑和建筑式的空间布局作为园林风景表现的主题。

意大利的埃斯特庄园(Villa D'Este)(见图3-1)、加尔佐尼庄园(Villa Garzoni),法国的凡尔赛宫、沃·勒·维贡特府邸花园,还有我国北京的天安门广场、天坛以及南京的中山陵等,都是规则式园林。

在这种规则形式中,整个园林的平面布局、立体造型以及建筑、广场、道路、水面、花草树木等要严整对称,体现人工的几何图案美,给人以庄严、雄伟、整齐之感。这种形式一般用于宫苑、纪念性园林或有对称轴的建筑庭院。其园林要素的特征主要如下。

1. 地形地貌

在平原地区,规则式园林由不同标高的水平面和缓倾斜的平面组成,不同标高的地形之间有台阶连接。在山地及丘陵地,规则式园林由阶梯式大小不同的水平台地、倾斜平面及石级组成,其剖面均由直线构成。

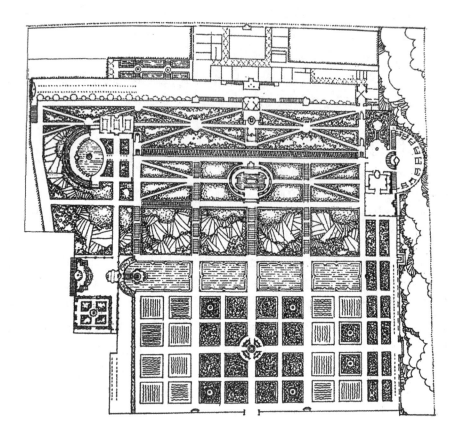

图 3-1　埃斯特庄园平面图

2. 水体

规则式园林中的水体多以水池的形式为主,其外形多为几何形状,驳岸严整,常采用整齐式驳岸或护坡。为表现整齐的效果,水体常以整形水池、壁泉、喷泉、整形瀑布及运河等为主,常运用雕塑等其他园林小品配合形成水体景观。

3. 轴线与建筑

规则式园林一般有明显的中轴线,中轴两侧的内容大体是对称的,平面强调建筑控制轴线。主体建筑组群和单体建筑多采用中轴对称均衡设计,多以主体建筑群和次要建筑群形成与广场、道路相组合的主轴、副轴系统,形成控制全园的总格局。

4. 道路广场

园林中空旷地和广场外形轮廓均为几何形,封闭性的草坪、广场空间被对称建筑群或规则式林带、树墙包围。道路均由直线、折线或几何曲线组成,构成方格形或环状放射形、中轴对称或不对称的几何布局。

5. 种植设计

配合中轴对称的总格局,全园树木配置以等距离行列式、对称式为主,树木修剪整形多模拟建筑形体、动物造型,绿篱、绿墙、绿门、绿柱等为规则式园林较突出的特点。规则式园林常运用大量的绿柱、绿篱、绿墙和丛林划分和组织空间。花卉常布置成以图案为主要内容的花坛和花带,有时布置成大规模的花坛群。

6.园林小品

除以建筑、花坛群、规则式水景和喷泉为主景外,规则式园林用饰瓶、雕像、园灯、栏杆等装饰、点缀园景。雕像的基座为规则式,常配置于轴线的起点、终点和交点。西方传统园林的雕塑主要以人物雕像布置于室外,常与喷泉、水池构成水体的主景。

总之,规则式园林强调人工美、理性整齐美、秩序美,给人庄重、严整、雄伟、开朗的视觉感受,但是它过于严整,对人产生一种威慑力量,使人拘谨。规则式空间开朗有余、变化不足,给人一览无余之感,缺乏自然美。

(二)自然式园林(又称风景式、不规则式、山水园林)

我国园林从有历史记载的商周时代开始,无论大型的皇家苑囿还是小型的私家园林,都以自然式山水园林为主,古典园林以北京颐和园(见图 3-2)、北海公园,承德避暑山庄,苏州拙政园、网师园为代表。我国自然式山水园林,18 世纪后半叶传入英国,引起了欧洲园林反对古典形式主义的革新运动。

新中国成立以来的新建园林,如北京陶然亭公园、上海长风公园、杭州花港观鱼公园、广州越秀公园,也都进一步发扬了这种传统的布局手法。这类园林以自然山水作为园林风景表现的主要题材,其基本特征如下。

1.地形地貌

自然式园林讲究"因高堆山""就低挖湖",追求因地制宜,以利用为主、改造为辅,力求"虽由人作,宛自天开"。地形的剖面线为自然曲线。平原地带地形为自然起伏的和缓地形,与人工堆置的若干自然起伏的土丘相结合;山地和丘陵地带利用自然地形地貌,除建筑和广场基址以外,不做人工阶梯形的地形改造工作,原有破碎割切的地形地貌,也加以人工整理,使其自然。

2.水体

水体是独立空间,自成一景,形式多样,人可接近。园林内水体的轮廓为自然的曲线,水岸由各种自然曲线的倾斜坡组成,如有驳岸,也多为自然山石驳岸,在建筑附近或根据造景需要也可部分采用条石砌成直线或折线驳岸。

3.建筑

园内个体建筑为对称或不对称均衡的布局,其中的建筑群和大规模建筑组群多采用不对称均衡的布局,全园不以轴线控制,而以构成连续序列布局的主要导游线控制。

4.道路广场

道路平面和剖面为自然起伏曲折的曲线,通过不对称的建筑群、山石、树丛、林带组成自然形空间、封闭性的空旷草地和广场,以不对称的建筑群、土山、自然式的树丛和林带包围。除有些建筑前广场为规则式外,园林中的空旷地和广场的外形轮廓为自然式。

5.种植设计

园内不成行列式的种植,以反映自然界植物群落的自然错落之美。花卉布置以花丛、花群为主,树木配植以孤植树、树丛、树群、树林为主,不用规则修剪的绿篱、绿墙和模纹花坛。种植设计以自然的树丛、树群、

1. 东宫门　2. 勤政殿　3. 玉澜堂　4. 宜芸馆　5. 乐寿堂　6. 水木自亲　7. 养云轩　8. 无尽意轩

9. 大报恩延寿寺　10. 佛香阁　11. 云松巢　12. 山色湖光共一楼　13. 听鹂馆　14. 画中游　15. 湖山真意

16. 石丈亭　17. 石舫　18. 小西泠　19. 蕴古室　20. 西所买卖街　21. 贝阙　22. 大船坞　23. 西北门

24. 绮望轩　25. 赅春园　26. 构虚轩　27. 须弥灵境　28. 后溪河买卖街　29. 北宫门　30. 花承阁

31. 澹宁堂　32. 昙华阁　33. 赤城霞起　34. 惠山园　35. 知春亭　36. 文昌阁　37. 铜牛　38. 廓如亭

39. 十七孔长桥　40. 望蟾阁　41. 鉴远堂　42. 凤凰墩　43. 景明楼　44. 畅观堂　45. 玉带桥

46. 耕织图　47. 蚕神庙　48. 绣漪桥

图 3-2　北京颐和园平面图

林带来区划和组织园林空间,树木不做模拟的整形,园林中摆放的盆景除外。

6. 园林小品

除建筑、自然山水、植物群落为主景以外,还可采用山石、假山、桩景、盆景、雕像为主要或次要景物。其中雕像基座为自然式,雕像位置多配置于透景线集中的焦点上。碑文、石刻、崖刻、匾额、楹联等对中国园林独有的"意境"的形成至关重要。

总之,自然式园林的特点是没有明显的主轴线,其曲线无轨迹可循;园林空间变化多样,地形起伏变化复杂,山前山后自成空间,引人入胜。自然式园林追求自然,给人轻松亲切、意境深邃的感觉。

(三)混合式园林

严格来说,绝对的规则式和绝对的自然式在现实园林中是很难做到的,只能以其中的某种形式为主。意大利园林,除中轴以外,台地与台地之间,以及台地外围的背景仍然为自然式的树林,因此只能说意大利园林是以规则式为主的园林。北京的颐和园的行宫部分以及构图中心的佛香阁建筑群,也采用了中轴对称的规则布局,所以只能说颐和园是以自然式为主的园林。

园林中,如果规则式与自然式布局所占的比例大致相等,可称为混合式园林,广州起义烈士陵园、北京中山公园(见图 3-3)、北京日坛公园、沈阳北陵公园等都属于此类园林。

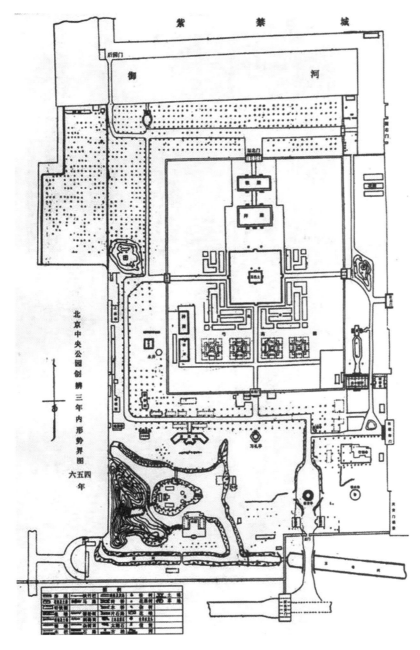

图 3-3　北京中山公园平面图

　　混合式园林综合规则式园林与自然式园林的特点,把二者有机结合起来。这种形式应用于现代园林中,既可发挥自然式园林布局设计的传统手法,又能吸取西方规则式布局的特点,既能创造出整齐明朗、色彩鲜艳的规则式部分,又能创造出丰富多彩、变化无穷的自然式部分。混合式园林的布局手法:在较大的现代园林建筑周围或构图中心,采用规则式布局;在远离主要建筑的部分,采用自然式布局。规则式布局易与建筑的几何轮廓线相协调,且较宽广明朗。利用地形的变化和植物的配植可以逐渐向自然式过渡。

思考题......

　　1. 简述园林美的定义。

　　2. 简述园林规划设计的依据与原则。

　　3. 园林绿地的布局有哪些形式?

Yuanlin Guihua Sheji

第四章
造景艺术

一、景观特征

(一)自然景观

自然景观是指由具有一定美学、科学价值并具有旅游吸引功能和游览观赏价值的自然旅游资源构成的自然风光景象,也就是指大自然自身形成的自然风景,如银光闪闪的河川、千姿百态的地貌、晶莹澄澈的湖泉、波涛万顷的海洋、光怪陆离的洞穴、幽雅静谧的森林、珍奇逗人的动物和温暖宜人的气候等。自然景观是天然景观和人为景观在自然方面的总称。天然景观是只受到人类间接、轻微或偶尔影响且原有自然面貌未发生明显变化的景观,如极地、高山、大荒漠、大沼泽、热带雨林以及某些自然保护区等。人为景观是指受到人类直接影响和长期作用使自然面貌发生明显变化的景观,如乡村、工矿、城镇等。人为景观又称为文化景观,它虽然是人类作用和影响的产物,但发展规律却服从于自然规律,必须按自然规律去建设和管理,才能达到预期的目的。自然景观的含义中的人为景观不包括其经济、社会等方面的特征。

风景是以自然景观为主体形成的,能引起美感的审美对象,而且必定是以时空为特点的多维空间,具有诗情画意,令人赏心悦目,使人流连忘返。

(二)景观特征的保护和加强

不同地域景观的构成元素、功能特点不同,所具有的景观特性也不同。地域性景观不仅展现了某地域范围内独特的自然景色,也反映了这个范围内人类在自然中留下的印迹与延续的文脉,包括独具特色的城市聚落、房屋建筑,也包括特有的传统文化与生活方式。地域性景观设计在保护与改善固有自然资源的基础上,充分挖掘其价值,使自然环境的特质更加突出,从而加强展现地域的特色与魅力。

(三)景观特征的开发和利用

人类征服自然、改造自然,以适应社会生活。自然与人之间的矛盾无法回避,在社会发展的历程中,必然存在。景观设计倡导提炼具有地域性景观特征的自然要素,满足人们的使用需求,使自然要素的价值最大化,同时,为人们提供舒适的使用环境。景观设计需要深入地挖掘资源,有效地利用资源,合理地配置资源,最终实现人类使用、生活与自然繁衍、生息的和谐一致。

(四)变化中的景观

随着季节的更替、植物的枯荣、城市的发展,景观具有多样性的特点。景观的多样性包括景观的场所、结构、功能及随着时间变化方面的多样化与复杂性。它反映了土地利用与非生物元素的多样性,景观元素、景观模式和景观类型的多样性,往往可以从一定规模空间单元间的元素特异性等方面反映出来。

二、景的观赏

(一)动态观赏和静态观赏

景的观赏方式有动态观赏和静态观赏,平时所说的游息也就包含了动、静两种赏景方式。游是指动态观赏,息则是指静态观赏,游而无息使人精疲力竭,息而不游又失去了游览的意义。因此,在实际的游园过程往往是动静结合的游览过程。陈从周先生曾说过,"园有静观、动观之分","造园之先,首要考虑"。因此,在园林绿地规划设计时,设计者既要考虑动态观赏下景观的系统布置,又要注意布置某些景点以供游人驻足进行细致观赏。另外,大园宜以动观为主,给游人较长的游览路线;小园宜以静观为主,给游人更多驻足之点。

　　动态景观是指按照一定游赏路线,综合考虑成景因素的点、线面布局,并且系统地布置多种景点,使人在行进中观赏的连续风景画面。动态观赏是指游人的视点与景物产生的相对位移,如看风景立体电影,一景又一景地呈现在游人眼前,成为一种动态的连续构图。看电影的时候,景象在动而人不动;在园林绿地中动态赏景时,景观静止而游人在动。随着时代的发展,现代人可选择的游览方式越来越多,如步行、骑自行车、骑马、乘车、乘船以及乘至索道吊篮等,由于游览的方式不同,视点位置或速度不同,即便是同一个风景区,游人得到的感受也并不一致。乘车的速度快,视野较窄,游人多注意景物的体量、轮廓和天际线,并且停和行较为自由;乘船时视野较开阔,视线的选择也较自由,效果比乘车要好,但视线主要集中在滨水景观;至于缓步慢游,既能注意前方,又能左顾右盼,视线的选择更为自由,可以对园内景物细观慢览,停停走走,有憩有游,动静结合,只有这样方可细细品味园林景物的神、韵、味,这是其他游览方式所不及的,但是对于面积较大的园林来说,徒步旅游对于游人来说有些艰辛了。

　　静态景观是以定景观赏景为主,在最佳观赏点组织的良好构图。静态观赏是指视点与景物位置相对不变,如看一幅立体的风景画,整个画面是一幅静态构图,所观景物结构、层次固定不变。所以静态观赏的地方往往也是摄影和绘画的地方。在静态观赏时,头部往往要转动。因此,除主要方向的景物外,设计者还要考虑其他方向的景物,以满足观景的需要。静态观赏时,游人有时对一些情节特别感兴趣,要进行细部观赏。为了满足这种观赏要求,设计者可以在风景中穿插配置一些能吸引人们进行细致鉴赏,具有特殊风格的近景、特写景等,如造型独特的植物、碑、亭、假山、窗景等。

(二)观赏点和观赏视距

　　游人赏景主要是通过视觉来欣赏,即观景。无论俯仰还是动静观赏,游人都要有一个观赏位置。这个位置也决定了人与景物的相对距离关系。游人在观景时所处的位置称为观赏点或视点。观赏点与被观赏的景物之间的位置有高有低,观赏点的布置最好能因高就低、位置错落,高视点多设于山顶或楼上,这样可以产生鸟瞰或俯瞰的效果,可以登高眺望,纵览园内外景色,并可获得较宽幅度的整体景观感受。低视点多设于山脚或水边,临水入榭平视,一般感觉平静、舒适。观赏点的位置可高可低,可进可退,使游人从不同的角度、不同的高程欣赏风景,增加景色的变化,如图4-1所示。观赏点与被观赏景物之间的距离,称为观赏视距。根据人的视觉特点,观赏视距适当与否与观赏的艺术效果关系很大。空间景物都存在一个最佳观赏面或者观赏角度。最佳观赏面与视点位置和视距有关,事先给游人安排好赏景的视距与视点,能取得最佳的观赏效果。通过分析人的视觉特点和规律,设计者可找出适合视距范围。

1. 识辨视距

　　正常人的清晰视距为25～30 cm,明确看到景物细部的距离为30～50 m,能识别景物的视距为250～270 m,能辨认景物轮廓的视距为500 m,能明确发现物体的视距为1300～2000 m,但这已经没有最佳的观赏效果了。远观山峦、俯瞰大地、仰望太空等是畅观与联想的综合感受。利用人的视距规律进行造景和借景,将取得事半功倍的效果。

2. 最佳视域

　　人在观赏景物时,有一个视角范围称为视域或视场。人的正常静观视场的垂直视角为130°,水平视角

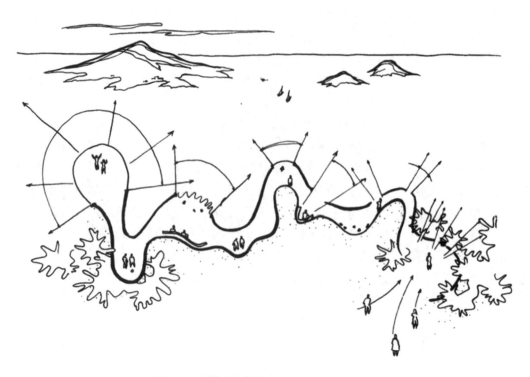

图 4-1　观赏点变化产生步移景异的效果

为 160°,但按照人的视网膜鉴别率,最佳垂直视角应小于 30°最佳,水平视角应小于 45°,即人们静观景物的最佳视距为景物高度的 2 倍或宽度的 1.2 倍,以此定位设景则景观效果最佳。

3. 合适视距

人在观赏景物时,景物界面的长度和宽度对于确定适合视距有很大影响。当垂直视角为 30°时,合适视距为

$$
\begin{aligned}
D &= (H-h)\cot\alpha \\
&= (H-h)\cot(30°\times 1/2) \\
&= (H-h)\cot 15° \\
&= 3.7(H-h)
\end{aligned}
$$

式中,D 为合适视距;H 为景物高度;α 为垂直视角。

在这里,建筑师认为,对景物观赏的最佳视点有三个,即垂直视角 18°(景物高的 3 倍距离)、27°(景物高的 2 倍距离)、45°(景物高的 1 倍距离),如图 4-2 所示。景物高的 3 倍距离,是全景最佳视距,游人可以很好地观赏到构筑物与周围景物的完整画面;景物高的 2 倍距离,是景物主体最佳视距,游人可以观赏到构筑物的整体形象;景物高的 1 倍距离,是景物细部最佳视距,游人可以清楚地看到雕塑的细部。如果需要观赏园林建筑及其在环境中的位置、整体及局部,设计者应分别在建筑高度的 1 倍、2 倍、3 倍距离处,创造较开阔平坦的休息欣赏场地。设计者也可以考虑从不同角度去欣赏景物而设置视点,能达到步移景异的效果。

如果要将景物的宽度纳入最佳水平视域,适合视距为

$$
D = 1.2W
$$

式中,D 为合适视距;W 为景物的宽度。

当景物的高度大于等于其宽度时,适合视距按公式 $D=3.7(H-h)$ 计算。粗略估计,大型景物的适合视距约为景物高度的 3.5 倍,小型景物的适合视距约为景物高度的 3 倍。当景物的高度小于其宽度时,应比

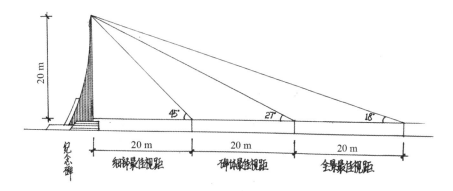

图 4-2　观赏点与观赏视距

较 $D=3.7(H-h)$ 与 $D=1.2W$ 的值的大小,以大的值作为适合视距的取值标准。

4. 平视、俯视和仰视

根据视点与景物相对位置的远近高低变化,我们又可以将赏景方式分为平视、俯视和仰视三种。

(1)平视

平视(也称为中视)是指以视平线为中心的 30°夹角视场,中视线与地面平行向前,游人头部不必上仰下俯,可以舒展的平望出去的一种观赏方式。平视风景与地面平行的线组,均有向前消失感。距离越远景物越小,色泽越灰,因此平视时景物的高度的变化效果不明显,而景物的远近和深度的变化明显,所以平视观赏有平静、深远、安宁的气氛,不易使人疲劳。园林中常要创造宽阔的水面、平缓的草坪、开敞的视野和远望的条件,从而把天边的水色云光、远方的山廓塔影纳入视野,使人一饱眼福。

(2)俯视

俯视是指游人视点高,景物在视点下方,必须低头才能看清景物时,中视线向下与地平面成一定角度。俯视的观赏视点高,景物都呈现在视点的下方。如果游人的视线俯视向前,与中视线平行的线组,均向下消失,则视点越高,景物就显得越小。俯视景观的空间垂直深度感特别强烈。园林常利用地形和人工造景,创造制高点供人俯视。由于俯视点与景物的水平距离不同,俯视也有远视、中视和近视的不同效果。一般俯视角小于 45°、30°、10°分别使人产生深远感、深渊感、凌空感。当俯视角小于 0°时,人会产生欲坠危机感,产生登泰山而小天下,居天都而有升仙神游之感。

(3)仰视

仰视是指视线与地面的夹角超过 15°(也有人认为是 13°)时,头部需要仰起,即中视线向上倾斜,与地面成一定角度,随着角度的不断增加,人就要微微扬头。仰视时,景物的高度感染力强。由于与中视线平行的线条有向上的消失感,仰视易形成雄伟、庄严、紧张的气氛。在园林中,为了强调主景形象高大,设计者可以把游人视点安排在离主景高度一倍以内,不使人有后退的空间,借用错觉使得景象显得比实际高大。中国皇家宫苑和宗教园林常用此法突出皇权、神威,如北京颐和园中的中心建筑群,在山下德辉殿后看佛香阁,仰角为 62°,产生宏伟感,同时,也使人产生自我渺小感(见图 4-3)。古典山水园林中堆叠假山,不是从增加假山的绝对高度来考虑的,而是采用仰视的手法,将视点安排在离假山较近的位置,使游人仰视假山,产生群峰万壑、小中见大的意境。

平视、俯视、仰视的观赏并不是分开的,如攀登高山,先在下面向上仰视,再一步步向上攀登,每次驻足停留都会欣赏到一幅幅画卷;当登上顶峰,向四周平视,山峦连绵,或向下俯视,顿时有会当凌绝顶,一览纵山小的感觉。这是因为风景是游赏的空间,是连续的立体山水画。

园林规划设计　　Yuanlin Guihua Sheji

图 4-3　颐和园佛香阁

三、造景手法

在园林绿地中,因借自然、模仿自然、组织创造供人游览观赏的景色的行为叫造景。景观的艺术处理的原则是因借自然,效法自然而又高于自然,达到"虽由人作,宛自天开"的境界。

(一)主从手法

园林必有主景与配景的划分。主景是全园的重点或核心,它是园林空间构图的中心,是主题或主体所在,是全园视线的控制焦点,也是精华所在,有强烈的艺术感染力。配景包括前景和背景。前景起着丰富主题的作用;背景在主景背后,较简洁、朴素,起着烘托主题的作用。

以著名皇家园林颐和园为例,颐和园属于大型皇家苑囿。它的主要景点和建筑群均集中于万寿山前山,前山宽 1000 m,最高处不过 60 m。设计者首先确定了从"云辉玉宇"牌楼起,穿过排云殿、德辉殿等建筑群,直至智慧海的一条前山主轴线。园林以牌楼为序幕,以排云门为起景,发展到排云殿、德辉殿,登上石蹬道到达主轴线上的主要景点佛香阁,也到达前山主轴线景观序列的高潮,最后以智慧海作为该序列的结点(见图 4-4)。

主景需要配景陪衬、烘托,使景色特征得到加强。主景中的佛香阁高 38 m,是一座八角四重檐攒尖顶木结构建筑,位于万寿山正中间,体量大,地位突出,既表现出为帝王服务的大型苑囿的特征,又成为控制全园的制高点。排云殿建筑群体量大,严整对称,具有一种磅礴的气势。这组拟对称的景点十分重要地起到使

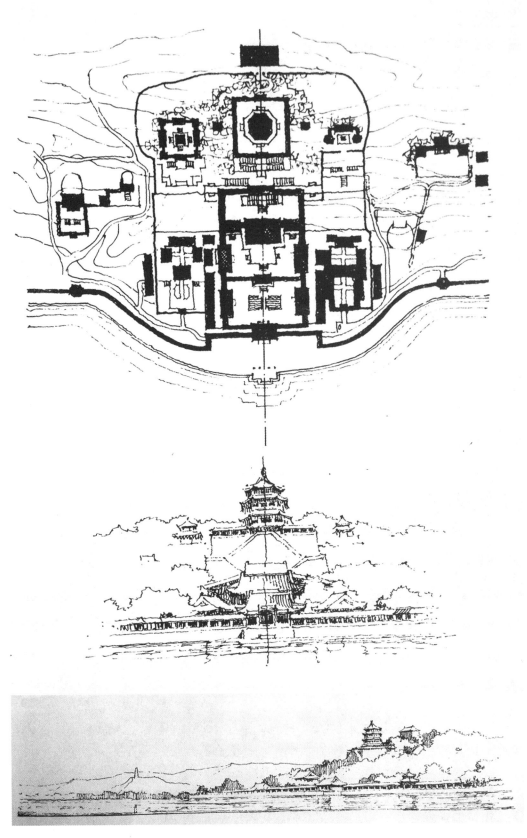

图 4-4　佛香阁建筑群平面图及立面图

严格对称的建筑群向万寿山自然景观过渡的作用。

这也正如传统绘画论中,既强调主景突出,又重视配景的烘托,如"众山拱伏,主山始尊;群峰互盘,祖峰乃厚"和"主峰最宜高耸,客山须是奔趋",这些都与园林筑山理水道理是一样的。

园林是由若干大小不同的空间组成的,每个空间都应该有主景和配景。在园林造景中设计者应既强调主景的突出,又重视配景的烘托,既不能使配景喧宾夺主,又不能不考虑配景,应认识到它们是红花与绿叶的关系。突出主景的手法有以下几种。

1. 主景升高

主景升高可使背景简化,可产生仰视观赏效果,并可以以蓝天、远山为背景,使主景不受或少受其他环境因素的影响,使主景的造型轮廓突出、鲜明。主景升高,也能起到鹤立鸡群的效果,即使周围景物繁多,只要主景的位置升高了,就会显得有非同一般的地位。主景布置在制高点,有控制景区空间、统领风景、汇聚视线的作用,如北京天安门广场的人民英雄纪念碑(见图 4-5)、颐和园的佛香阁、广州越秀公共的五羊雕塑、法国巴黎凡尔赛宫前的路易十四的雕像。

图 4-5　人民英雄纪念碑

2. 轴线

轴线是连接两点或更多点的线性规划要素。轴线具有方向性、秩序性,占有统治地位,但是通常又有点单调。轴线是一条动态的规划线,它可以弯曲或者转向,但绝对不许分叉(见图 4-6)。轴线是一个统一的要素,它可以是绝对对称的,但大多数情况下并不一定如此(见图 4-7)。在园林布局中,确定某方向的一条轴线,在轴线上通常安排主要景物,在主要景物前方两侧,常常配置一堆或者若干对次要景物,以陪衬主景,如法国的凡尔赛宫、北京故宫博物院(见图 4-8)、广州起义烈士陵园、南京雨花台烈士陵园、美国首都华盛顿纪念性园林等。

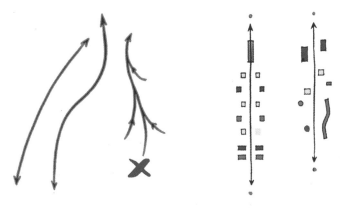

图 4-6　轴线 1　　　　　　　　图 4-7　轴线 2

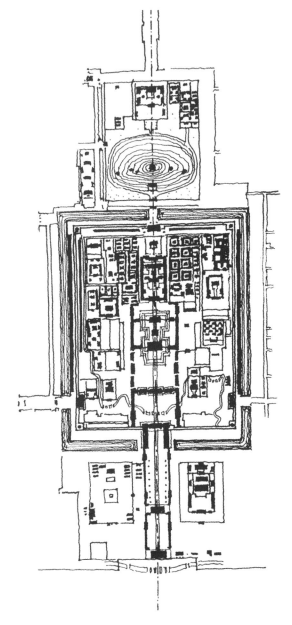

图 4-8　北京故宫博物院平面图

3. 视线焦点(交点)

一条轴线需要一个具有震撼力的终端,即聚景点。这是视线的终结和归宿,可产生庄严肃穆的气氛。轴线的终端是安放主景的理想位置,它可以是一个空间,也可以是一个物体。主副轴线的焦点和众多轴线的焦点具有吸引视线、控制作用,对景区空间和方位知觉有中心标志物的功能,它也是设置主景的理想位置,如印度的泰姬陵(见图 4-9)、法国的凯旋门、意大利的埃斯特庄园等。

图 4-9　泰姬陵

4. 对比

对比是借两种或多种性状有差异的景物之间的对照,使彼此不同的特色更加明显,提供给观赏者一种新鲜的景象。对比采用骤变的景象,产生唤起兴致的效果。园林规划设计中,对比手法主要应用于形象对比、体量对比、方向对比、空间开合收放对比、明暗对比、虚实对比、色彩对比、质感对比、疏密对比等。主景与配景本来就是"主次对比"的一种对比表现,如苏州留园的入口处理是空间对比(见图 4-10)、杭州西湖的三潭印月是虚实对比等。

5. 空间构图中心(重心)

设计者常把主景布置在园林绿地的感觉重心上,包括规则式园林的几何中心和自然式园林的空间构图重心,如北海公园的白塔,安放在该园空间构图重心琼华岛上(见图 4-11)。琼华岛位于园东南水中,不仅建筑密集,而且人工堆筑的土山高耸,加之又在其顶部建一座高塔,外轮廓线十分鲜明,不论从公园的哪一部分看,都是吸引人的视线的唯一焦点。需要注意的是,主景并不在于体量的大小,而主要在于它所在的位置。主景如果高大,自然很容易获得主景的效果,但体量小的主景只要位置布置得当,也可以达到主景突出的效果。以小衬大、以低衬高可以突出主景;以高衬低,以大衬小也可以突出主景。如在轴线的两侧种植高大乔木,而在轴线的端点仅建园林小筑,这个园林小筑虽然低矮,反而成了该轴线的主景,高大的乔木只起到配景的作用。亭内置碑,碑则可以成为主景。所以在园林中选择和安排主景或主体的位置是极为重要的。

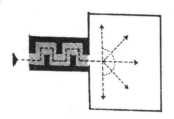

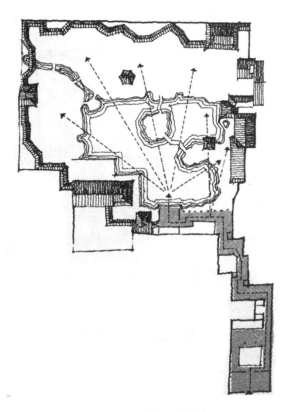

图 4-10　留园平面图

6. 渐进

　　渐进法是园林景物布置的方法,即采用渐进的方式,从低到高,逐步升级,由次要景物到主要景物,层层深入,通过园林景观的序列布置,引人入胜,从序幕、发展,最后到达高潮,引出主景。一般的小园林,其主体部分通常为单一的大空间,建筑多沿园林的四周布置,这时形成的序列通常表现为一个闭合的环形。苏州的畅园、鹤园都属于这种类型;颐和园中的谐趣园虽然面积较大,但就布局来讲也属于这种类型。在大型皇家苑囿中,颐和园的序列最为脉络分明:入口部分作为序列的开始和前奏由一列四合院组成;出玉澜堂至昆明湖畔空间豁然开朗;过乐寿堂经长廊引导至排云殿,登上佛香阁到达高潮;由此返回长廊继续往西可以绕到后山,则顿感幽静;至后山中部登须弥灵境再次到达高潮;回至山麓继续往东可达谐趣园,似乎是序列的尾声;向南至仁寿殿便完成一个循环。

7. 抑景

　　中国传统园林的特色是反对一览无余的景色,主张"山重水复疑无路,柳暗花明又一村"的先藏后露、欲

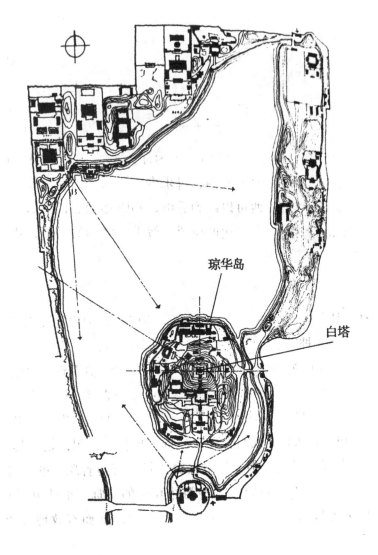

琼华岛

白塔

图 4-11　北海公园的琼华岛及白塔的平面图和效果图

扬先抑的造园方法。苏州多数园林的入口,常用假山、小院、漏窗等作为屏障,适当阻隔游人的视线,使人们一进园门只能隐约地看到园景的一角,使景物若断若续地呈现出来,使游人产生一种迫不及待、急于窥视全貌的心理,这就大大提高了主景的艺术魅力。这也是先抑后扬的艺术手法的体现。苏州留园的入口(见图4-12)在运用抑景手法方面是十分突出的。其入口空间组合异常曲折、狭长、封闭,使游人的视野被极度压缩,甚至让人产生沉闷、压抑的感觉,但它又通过漏窗让景色若隐若现,更显得园内幽深曲折。最后,当人们进入园内主空间时,顿时有一种豁然开朗的感觉。留园正是利用了入口狭长、曲折和封闭的特点,使入口与园内主要空间形成强烈对比,从而有效地突出了园内的主要空间。

当然,上诉几种主景突出方法往往不是单独使用的,而是若干方法综合使用。主景与配景犹如红花与绿叶,主景突出,配景烘托才能成为完整的园林构图。

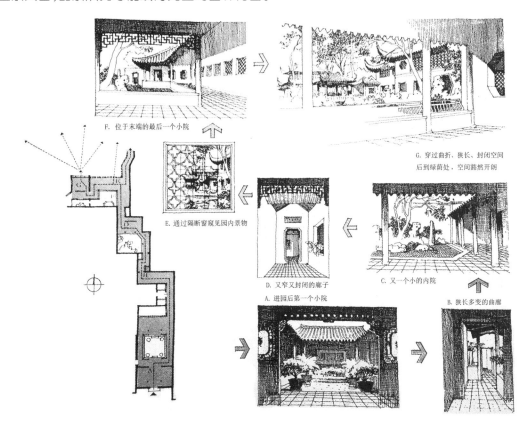

图 4-12　留园入口平面图及视线分析

(二)模拟手法

2000 多年前,秦始皇曾数次派人去寻找传说中的东海三仙山——蓬莱、方丈、瀛洲,想获取长生不老的药丸,但都没有成功。因此,他就在自己的兰池宫中建蓬莱山来模仿仙境,来表达渴望永生的强烈愿望。汉武帝继承并发扬了这个传统,在上林苑建章宫的太液池中建蓬莱、方丈和瀛洲三岛,开创了一池三山的传统。模拟手法在今后的园林中不断延续和发展。模拟手法可归纳为以下几种方式。

1. 模山范水

中国古典园林是一种以模拟自然山水为目的,把自然或经过人工改造的山水、植物和建筑,按照一定的审美要求组合的综合建筑艺术。模山范水主要是指模拟名山大川、江河湖海,表现出人们对自然的极力崇拜和模仿。但中国园林对自然的表现是取局部之景而非全部缩小,是以有限的空间表达无限的内涵,如文震亨《长物志》开卷所说的"一拳则太华千寻,一勺则江湖万里"。以局部代表全体、以少总多的象征手法是中国园林对自然的表现中最有力的手法之一。宋代宋徽宗的艮岳曾被誉为"括天下之美,藏古今之胜"。清代圆明园中的九州清晏则是将当时中国大地的版图凝聚在一个小小的山水单元之中来体现普天之下莫非王土的思想。因此,模拟各地名山大川的手法在皇家园林营造中屡见不鲜,正所谓"谁道江南风景佳,移天缩地在君怀"。颐和园更是模山范水的典范,通过比较会发现,颐和园中的昆明湖与杭州西湖之间、昆明湖

西北水域与扬州瘦西湖之间都有着"似与不似"的关系。

2. 名园名景

模拟名园名景是将成功的园林景区、景点因地制宜再创造,另成佳景。很多中国皇家园林的建造是经过几代皇朝的改建和扩建完成的,在整个建造过程中会博采名景,集锦一园。多样的采景纳入统一的总体布局,融各景为炉火纯青之一园,可以保证格调的统一,使园林有独特的艺术风格。承德避暑山庄的金山仿江苏镇江的金山寺修建,文津阁仿浙江宁波的天一阁修建,外八庙中的须弥福寿之庙仿西藏日喀则扎什伦布寺修建;颐和园中的谐趣园山水格局仿无锡寄畅园;圆明园四十景中的坦坦荡荡仿杭州的玉泉观鱼,坐石临流仿绍兴的兰亭等。

3. 文化古迹

文化古迹是历史上流传下来的具有很高艺术价值、纪念意义、观赏效果的各类建设遗址、建筑物、古典名园、风景区等,如中国现存规模最大、保持最完整的建筑群——紫禁城(现为故宫博物院),沈阳清故宫,布达拉宫,甘肃的敦煌石窟,北京皇城根遗址公园、山东曲阜孔庙、湖南韶山毛泽东故居等。

4. 模拟文学作品

园林与诗情画意之间有着千丝万缕的联系。诗情画意是中国古典园林的精髓,也是造园艺术所追求的最高境界。文学家借助文学作品中的优美文字,将自己体会到的园林意境以真实的笔触表达出来,给造园家以启迪。造园家将这种意境与园林的艺术效果有机地结合起来,加以提炼,融入园林规划设计作品,构造园林意境。借用前人的诗画意境的例子很多,如圆明园中的"夹镜鸣琴"取自李白"两水夹明境"的诗意;"蓬岛瑶台"取自李思训"仙山楼阁"的画意;"武陵春色"取自陶渊明《桃花源记》中描述的场景等。四大名著之一的《红楼梦》涉及中国建筑、医学、园林等,正是因为具有丰富的艺术意境,它才成为世人研究的巨著。《红楼梦》里描写园林空间的内容不胜枚举。有人曾评价:"《红楼梦》不仅是一部文学巨著,也是一部著名的园林史。"正是因为有了《红楼梦》对园林空间的描述,我们才知道大观园是怎样的,北京大观园的建设也是对《红楼梦》中描述的大观园的一个真实再现。

5. 民风民俗

民风民俗是人类社会发展过程中出现的一种精神和物质现象,是人类文化的一个重要组成部分。我国是一个多民族国家,自古以来民族风情、民族文化浓郁。古代园林中有引进民居建筑作为景观的,如乡村(山村)景区,具有淳朴的田园、山村风光;也有模仿城市民居(街景)作为景区的,如北京颐和园的苏州街模仿江南水乡街市。

(三)借景手法

借景是有意识地把院外的景物"借"到园内视景范围中,使它成为园内景色的一部分。明代计成在《园冶》一书中说:"俗则屏之,嘉则收之。"这句话讲的是周围环境中有好的景观,要开辟透视线把它借进来,如果是有碍观瞻的东西,则将它屏障起来。借景是中国园林艺术的传统手法。一座园林的面积和空间是有限的,为了丰富游赏的内容,扩大景物的深度和广度,除了运用多样统一、迂回曲折等造园手法外,造园者还常常运用借景的手法,收无限于有限之中。借景的目的就是丰富层次、舒展视线、扩大空间感。

在中国的园林中,运用借景手法的实例很多。古代帝王祭天祈地的三山五岳的五岳,就运用了借景手法。东岳泰山借助神话,因地制宜地布置了一天门、中天门和南天门。借对松山高耸入云和两山交夹之势,高矗南天门于云霄,令人产生意料以外的崇敬和步梯登天之想。登山道又借地势之陡缓而名紧十八盘、慢十八盘、不紧不慢十八盘,最后一段平坦之路则借名为"快活三里",与游览之心理符贴无间。东南风带来海上的湿空气,遇泰山上升而降温,至"雨线"化云为雨,选附近若剑形自然山石镌刻"斩云剑",便转化为天人合一的景物了。山麓普照寺大雄宝殿后有乔松,枝叶繁茂。皓月当空时,月光被枝叶分成无数光束,洒在地面上成为绝景,景名定为"长松筛月"。筛子可筛物是人尽皆知的,说松如筛而筛月却是出人意料的。普照寺旁建筛月亭,有联曰:"高筑两椽先得月,不安四壁怕遮山",则是微观借景了。苏州虎丘为造吴王之墓筑土山,势如伏虎,故名。所借乃帝王龙虎姿之喻。人皆知吴王有宝剑,借此,将后人盗墓所掘之池名之为"剑池"。有石裂开一缝便借景为"试剑石",更衍生一诗,即"剑试一痕秋,崖倾水断流。如何百年后,不斩赵高头"。杭州灵隐山表面砂岩已风化不存,形成与周围砂岩山石异质的湖石,印度僧人慧理便借景称"飞来峰",并说养有猿猴,一呼便至,于是又有了"呼猿洞"。地面有地下冒出的泉水,温度低,于是称为"冷泉"。因苏东坡有"春淙如壑雷"之诗句,又借诗布置了冷泉亭与壑雷亭,并借此引出景联:"泉自几时冷起,峰从何处飞来"。下联则是:"泉自冷时冷起,峰从飞处飞来"。白居易的"庐山草堂"也是借植物之景的佳作。白居易构建草堂时以草堂为视点近借护崖的千余竿修竹、直插云霄的古松老杉、缀织攀绕的女萝和茑萝,远借春花烂漫的锦秀谷,从而使他的"庐山草堂"成为中国古代自然园林的代表作之一。唐代所建的滕王阁,借赣江之景:"落霞与孤鹜齐飞,秋水共长天一色"。岳阳楼近借洞庭湖水,远借君山。杭州西湖,在"明湖一碧,青山四围,六桥锁烟水"的较大境域中,"西湖十景"互借。苏州园林各有其独具匠心的借景手法。留园西部舒啸亭土山一带,近借西园,远借虎丘山景色。沧浪亭的看山楼,远借上方山的岚光塔影。山塘街的塔影园,近借虎丘塔,在池中可以清楚地看到虎丘塔的倒影。无锡寄畅园中,人在环翠楼前南望,可以看到树丛背后的锡山和山上的龙光塔。在苏州拙政园的吾竹幽居亭中向西望去,可以见到远处的北寺塔,塔成了此处的远景。

借景没有空间的限制,形式多种多样。"园虽别内外,得景则无拘远近"。借景因距离、视角、时间、地点等不同而有所不同,通常可分为直接借景和间接借景。直接借景的方法有以下几种。

1. 邻借（近借）

邻借即把园林邻近的景色组织进来。周围环境是邻借的依据,周围的景物,只要是能够利用成景的都可以借用,如亭、阁、山、水、花、木、塔、庙。苏州沧浪亭园内缺水,而临园有河,则沿河做假山、驳岸和复廊,不设封闭围墙,从园内透过漏窗可领略园外河中景色,园外隔河与漏窗也可望园内,园内园外融为一体,就是很好的例子。邻家有一枝红杏、一株绿柳、一个小山亭,亦可对景观赏或设漏窗借取,如"一枝红杏出墙来""杨柳宜作两家春"等布局手法。苏州拙政园的宜两亭,是邻借的范例。拙政园西部原为清末张氏补园,与拙政园中部分别为两座园林。宜两亭建在紧靠中部别有洞天的黄石假山上。因为原来该亭两边分属两个园主,不能相通,便建造了高踞山巅的小亭,"宜两"的题名便点出了造园家的目的——坐于亭中,一亭尽收两家春色,为我所赏(见图4-13)。

2. 远借

远借是指当视野开阔处或远处有可借取的空间景物时,将人流和视线引向远处的景物,并铲除干扰视线的因素,或者采用筑台、建楼、利用高处地形布置视点的方式,把远处的景色组织在景观的构图之中的手法,所借物体可以是山、水、树木、建筑等。远借手法成功的例子有很多,如北京颐和园远借西山及玉泉山之塔;承德避暑山庄远借僧帽山、磬锤峰;无锡寄畅园借惠山;济南大明湖远借千佛山等。为使远借获得更多景色,游人常常需登高远眺。因此,造园家要充分利用园内有利地形,开辟透视线,保证视线通畅,也可堆假山、叠高台,在山顶设亭或高敞建筑(如重阁、照山楼等),利用高处地形布置视点,保证视野开阔,把远处的景色组织在景观的构图之中,如拙政园把北寺塔远借入园(见图4-14)。

A. 透过倒影楼窗口看宜两亭　　　　　　　　B. 透过宜两亭窗口看倒影楼

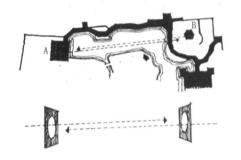

图 4-13　拙政园宜两亭视线分析图

远借北寺塔

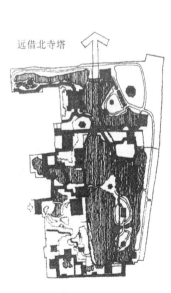

图 4-14　拙政园远借北寺塔

3. 仰借

仰借是利用高、低处景物的自然高差形成的景观层次和人们抬头仰望的视觉特性,使高处的景物成为低处空间景色的借景手法。仰借一般借取园外景观,以借高景物为主,如古塔、高层建筑、山峰、大树,包括碧空白云、明月繁星、翔空飞鸟等。北京的北海公园借景山,南京玄武湖借钟山,西安华清池借骊山等均属仰借。仰借易导致视觉疲劳,观赏点应设亭台座椅。

4. 俯借

俯借指在园中居高临下俯视低处景物,所借景物甚多,如江湖原野、湖光倒影等。"门泊东吴万里船",是从门内往下看江中的船只,也就是俯借。登高远眺观景一般都是俯视,如登杭州六和塔展望钱塘江上的景色,登西湖孤山观湖上的湖心亭、三潭印月等。

5. 因时而借

因时而借指利用一年四季、一日之时,利用大自然的变化和景物的配合形成景观。因时而借主要是借天文景观、气象景观、植物季相变化景观和即时的动态景观:对一日来说,因时而借之景包括日出朝霞、晓星夜月;以一年四季来说,因时而借之景包括春光明媚、夏日原野、秋天丽日、冬日冰雪。植物也随季节转换,如春天百花争艳,夏天浓荫覆盖,秋天层林尽染,冬天树木姿态,这些都是应时而借的意境素材。"苏堤春晓""曲院风荷""平湖秋月""断桥残雪"等都是通过因时而借组景的,其艺术效果相当不错。杭州西湖"平湖秋月"一景的主建筑上有一副楹联,"穿牖而来夏日清风冬日日,卷帘相见前山明月后山山",同一景点借入了清风、丽日、青山和明月,可谓因时而借的佳作了。

借景的方法大体有三种:①开辟赏景透视线,对赏景的障碍物进行整理或去除,如修剪掉遮挡视线的树木枝叶等,又如在园中建轩、榭、亭、台作为视景点,仰视或平视景物,纳烟水之悠悠,收云山之耸翠,看梵宇之凌空,赏平林之漠漠;②提升视景点的高度,使视景线突破园林的界限,取俯视或平视远景的效果,如在园中堆山,筑台,建造楼、阁、亭等,让游者放眼远望,以穷千里目;③借虚景,如朱熹的"半亩方塘"和圆明园四十景中的"上下天光"都俯借了"天光云影",上海豫园中的花墙下的月洞借了隔院的水榭。

(四)层次手法

景色的空间层次可分为前景、中景、背景;也可分为近景、中景、远景。前景与背景、近景与远景都是有助于突出中景。中景的位置适合安放主景,远景或背景都是用来衬托主景的,前景是用来装点画面的。远景与近景的搭配或前景与背景的搭配,都能起到增加空间层次和深度的作用,能使景色深远,丰富而不单调。当主景缺乏前景或背景时,便需要添景,以增加景深,从而使景观显得丰富。需要强调的,并不是所有的景物都需要有层次,这要视造景要求而定,有时为了突出主景简洁、壮观的效果,则层次宜少或宜无层次。

追求诗情画意是中国古典园林的重要特点之一,"庭院深深深几许?"的诗句描绘的正是诗人对这种意境发自内心的一种感受。特别是江南一带的私家园林,为了达到小中见大、步移景异的效果,常常利用园林空间的渗透与层次变化来增加空间的深远感。在园林中景物层次越少,越一览无余,即使是大的空间也会感觉很小。相反,层次多,景越藏,越容易使人感觉空间深远。以拙政园中部园林为例,由梧竹幽居亭沿着水的方向西望,不仅可以获得最大的景深,而且可以看到三个景物的空间层次:第一个空间层次结束于隔水相望的荷风四面亭,其南部为邻水的远香阁和南轩,北部为水中的两个小岛,分列着雪香云蔚与待霜亭;通过荷风四面亭两侧的堤、桥可以看到结束于"别有洞天"半亭的第二个空间层次;拙政园西园的宜两亭及园林外部的北寺塔,高出矮游廊的上部,形成最远的第三个空间层次。一层远似一层,空间感比实际的距离深

远得多。

　　园林中的廊,不仅可以用来连接建筑物并使之具有蜿蜒曲折和高低错落的变化,还可以用来分隔空间并使其两侧的景物互相渗透,以丰富空间的层次变化。例如一条透空的廊,若横贯园林,原有的空间便立即产生这一侧与那一侧之分,随着两侧空间的互相渗透,每一侧空间内的景物将互为对方的远景或背景,而廊本身则起着中景的作用。景既有远、中、近三个层次的变化,空间自然显得深远。传统园林中利用廊来增加空间层次变化的实例俯拾皆是。如拙政园中的小飞虹(见图4-15),不仅作为架空的廊桥既有分隔空间的作用,又可使两侧空间互相渗透,从而增强了空间的层次感。自松风亭透过小飞虹看香洲,前者为近景,后者为远景;自香洲透过小飞虹看松风亭,原来作为近景的松风亭则变为远景。江南园林虽然规模有限,但游廊纵横,使人有迷离不可穷尽之感。

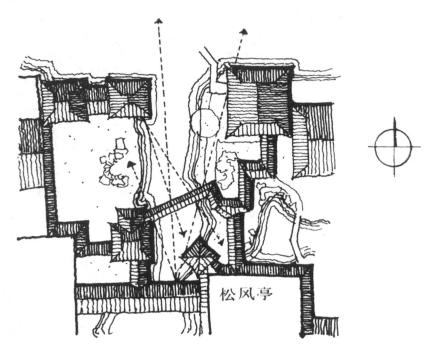

松风亭

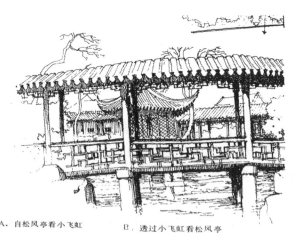

A. 自松风亭看小飞虹　　　B. 透过小飞虹看松风亭

图4-15　拙政园小飞虹景点平面图及视线分析图

(五)景观组织手法

园林中景观组织手法有对景、透景、障景、藏景与隔景等。

1. 对景

位于园林轴线及风景线端点的景物叫对景。对景可以使两个景观相互观望,丰富园林景色,一般选择园内透视画面最精彩的位置,用作游人逗留的场所,如休息亭、榭等。这些建筑在朝向上应与远景相向对应,能相互观望、相互烘托。

对景有正对和侧对、单对与互对之分。正对是指通过轴线或透视线把视点引向景物的正面,在规则式园林中应用较多,能获得庄严雄伟的效果,构成特定的主景。在纪念性园林中,园路的尽头端部常布置景观以形成对景的画面效果。侧对是指视点与景物侧对,欣赏景物的侧面,能取得犹抱琵琶半遮面的艺术效果。在自然式园林中蜿蜒曲折的道路、长廊、河流和溪涧的转折点、宜设对景,增加景点,起到步移景异的效果。站在颐和园的佛香阁上看龙王庙就是正对,而看知春亭就是侧对了。正对与侧对都是单对。互对是指在轴线或者风景视线两端都安排景物,两景相对,互为对景,如从佛香阁看多孔桥或由多孔桥看佛香阁形成互对。互对可以是正对,也可以是侧对。

2. 透景

美好的景物被高于游人视线的地物遮挡时,须开辟透景线,这种处理手法叫透景。运用透景手法时要把园内外主要风景点透视线在平面规划设计图上表现出来,并保证在透视线范围内,景物在立面空间上不再受遮挡。

在安排透景时,常常与轴线或放射形直线道路、河流统一考虑,这样做可以减少因开辟透景线而移植或砍伐大量树木。透景线除透景外,还具有加强对景的作用。因此沿透景线两侧布置的景物,只能做透景的配置布景,以提高透景的艺术效果。在园林中多利用景窗花格、竹木疏林、山石环洞等形成若隐若现的景观,增加趣味,引人入胜。

3. 障景

凡能抑制视线,引导空间转变方向的屏障景物均为障景。中国园林讲究"欲扬先抑",也主张"俗则屏之"。二者均可用景障之,可有意组织游人视线发生变化,以增加风景层次。障景具有双重功能:一是屏障景物、改变空间引导方向;二是作为前进方向的对景。

障景按布置的位置分为三种:入口障景、端头障景和曲障。入口障景就是位于景园入口处,为了达到欲扬先抑、增加层次、组织人流、障丑显美等作用而设置的障景;端头障景是位于景观序列的结尾处,希望人有所回味,留有余韵,起到流连忘返、意犹未尽、回味无穷的作用的障景;曲障是运用建筑题材,通常设置在宅院,往往使人经过转折的廊院才来到院中的障景,如沧浪亭在假山与水池中间,隔着一条向内凹曲的复廊。曲径通幽是古代造园常常用到的一种技法,其目的在于让游客随着蜿蜒曲折的小径一路探寻,在尽头处方有一种豁然开朗的感觉。

障景按使用材料的不同,可分为影壁障、假山障、土山障、树丛障、绿篱障、组雕障、置石障、建筑障等,如北京故宫的三大彩色玻璃九龙壁就是影壁障;拙政园东园兰雪堂后的湖石假山就是假山障。扬州个园竹林的小径两旁以竹林为障,曲径通幽,从小路前望,可见前方小亭一角,这就是树丛障。障景在园林中的应用手法不一,在现代园林中更是应用广泛。采用障景时,设计者应依据具体情况而定,或掇山或列树或曲廊或置石。运用不同的题材所达到的效果和作用不一样,或曲或直,或虚或实,或半隐或半露,或半透或半闭,或

障远或障近,全应根据主题要求而匠心独运。同时,障景手法的运用,也不限于起景部分,在整个园林的景观序列中都可尝试,可灵活运用。

4. 藏景

藏景是一种含蓄的手法,目的是更好地显露景物。"山欲高,尽出之则不高;烟霞锁其腰则高矣。水欲远,尽出之则不远;掩映断其脉则远矣。"藏景一般指园中园,都藏在园中的僻静处,游人往往容易漏掉。例如,颐和园中的谐趣园,北海公园的静心斋都是园中园。园林是直观艺术,景物不藏则不深,不深则不奥,不奥则不幽。园中园的建造,使游人在宏大的园林中看到小巧精美的建筑,为园林的美增添趣味;同时游人站在园中园里,观赏大园的主景、中景,则又能借主景为远景,借中景为邻景,使园林景色更加丰富,更加深厚多姿。一般藏景更富有艺术特色,更容易有神秘感,更能吸引游人。但是藏也不是绝对的,以亭为例,有的宜藏,有的宜露。

5. 隔景

凡将园林绿地分隔为大小不同的空间景域,使各空间具有各自的景观特色,而互不干扰的景观称为隔景。隔景与障景不同。障景是出其不意,本身就是景,有时起到障丑扬美的作用。隔景旨在分割空间,并不强调自身的景观效果。隔景可以避免各景区的互相干扰,增加园景构图变化,隔断部分视线及游览路线,使空间"小中见大"。隔景的方法和题材很多,如山岗、树丛、植篱、粉墙、漏墙、复廊等。隔景的方法有实隔、虚隔、虚实隔。实隔是指游人视线基本上不能从一个空间透入另一个空间,通常以建筑、实墙、山石密林分割形成实隔,如颐和园中的谐趣园,无锡的寄畅园都用实体高墙隔开,园内外空间互不透漏。虚隔是指游人视线可以从一个空间透入另一个空间,通常以水体、桥、道路、山谷等分隔,空间与空间之间是完全通透的。虚实隔是指游人视线有断有续地从一个空间透入另一个空间。通常以长廊、疏林、花架相隔或实墙开漏窗相隔,形成虚实相隔。两个空间虽隔又连、隔而不断,景观能够互相渗透。北海公园中的看画廊,即借用长廊的立柱,把湖光山色分隔成一幅幅美丽的画面供游人欣赏。

(六)前景处理手法

前景的处理手法有框景、夹景、漏景和添景等。

1. 框景

框景是在园林中用门、窗、树木、山洞等来框取另一个空间的优美景色,主要目的是把人的视线引到景框之内,故称为框景。框景利用"俗则屏之,嘉则收之"的手法,把景象框限在从框中所看到范围之内,有意识、有目的地优化组合审美对象,达到纯真、精练、集中展现景观的目的。在古典园林中,人们主要是通过"框"来观"景",人们不是直面景物本身,而是通过"框"来进行构景认知,实现具有自然美、建筑美、意境美的艺术境界。

造园家李渔于室内创设"尺幅窗,无心画",指的就是框景。布置框景时,赏景点与景框的距离保持在景框高2倍以上,视点最好在景框的中心,使景物画面落入26°视域内,成为最佳画面。景与框的配合可以有两种形式:先有景,则框的位置应朝向最美的景观方向;先有框,则应在框的对景处布置景色。框景常见的形式有入口框景、端头框景、流动框景、镜游框景和模糊框景。镜游框景是古典园林中最为常见的一种框景形式,主要指以各式门和窗框起的景色,但最富有艺术魅力的也许要算模糊框景了。在中国古典园林中,门和窗是框的主要元素,其中窗有什锦窗和漏花窗两种。模糊框景又称漏窗,它是在窗户内装各式的窗格或砖瓦拼成各式图案,使窗外的风景依稀可见但又不甚清晰,具有一种"似实而虚,似虚而实"的模糊美。什锦窗主要是指外形各异的窗框,在园林中连续排列于墙上,既可形成框景,窗框本身也因形状奇异、有趣而引起注目,在江南私家园林和北方皇家园林中均多设置,如北京颐和园游廊上的什锦窗。拙政园内园有个扇亭,坐在亭内向东北方向的框门外望去,可以看到外面的拜文揖沈之斋和水廊,在林木掩映之下,形成一幅美丽的画。北京颐和园中的"湖山春意",向西望去,可见到远处的玉泉山和山上的宝塔,近处有西堤和昆明湖,更远处还有山峦,层层叠叠,景色如画。拙政园中,水廊的檐和柱将"与谁同坐轩"及周边景色框入画中,以简洁的景框作为构图前景,把最美好的景色展现在画面的高潮部分,给人以强烈的视觉冲击力和深刻的印象。耦园的山水间外望的门景及窗景,留园的绿荫窗景,狮子林的海棠门洞,九狮峰、留园的华步小筑,沧浪亭的秋叶门景,怡园的复廊窗景等都是框景手法的较好体现。

2. 夹景

夹景是一种带有控制性的构景方式,主要运用透视消失与对景的构图处理方法,在人的活动路线两侧构造抑制视线和引导行进方向的景物,将人的视线和注意力引向计划的景物方向,展示优美的景色。夹景具有增加景深的造景作用,类似照相取景一样,往往达到增加景深、突出对景的奇异效果,夹景多利用植物树干、断崖、墙垣、建筑等形成,多运用于河流及道路构图设计。在环秀山庄山谷中的山路上,两边的假山石造型优美,本身可以作为景观供人观赏,但同时也抑制了行人的视线,将人们的视觉中心引导到环秀山庄的主景西望边楼上,展示出美好的视觉感受。网师园的撷秀楼春色,借水面镜面反射出撷秀楼周围的优美景色,增添了画面的层次。

3. 漏景

漏景是指通过透漏空隙观赏到的若隐若现的景物。漏景是由框景发展而来的。框景的特点是景色清楚、漏景的特点则是若隐若现。漏景比较含蓄,有"犹抱琵琶半遮面"的感觉,透漏近似,却略有不同。按山石品评标准,前后透视为"透",上下漏水为"漏"。这里,景前无遮挡为"透",景前有稀疏之物遮挡为"漏"。有时,透漏可并用,"漏"的程度达到一定时便为"透"。在园林中,设计者多利用景窗花格(见图4-16)、竹木疏隙、山石环洞等形成若隐若现的景色,增加景深,引人入胜。

图4-16   留园漏窗

4. 添景

添景是指在缺乏前景和背景的情况下,在景物前面增加建筑小品、补种几株乔木,或在景物后面增加背景,使层次丰富起来的手法。添景可以是建筑小品、山石、林木等。建前姿态优美的树木无论是一株还是几株都能起到良好的添景作用。另外,运用色彩的空气透视原理,也可以起到增加景深的效果:暖色系、色度大、明色调都会给人向前的感觉;冷色系、色度小、暗色调都会给人远离的感觉。安排景物时,远景(背景)用暗色调、冷色系,近景用明色调、暖色系。还有,水的源头、尽端的叠石、置桥、过水墙洞等均可造成水景深远的感觉。当然,有时为了突出主景简洁、壮观的效果,也可以不要前后层次。

»➤▌思考题▌……

1. 简述景的观赏。
2. 简述园林造景的手法。
3. 简述突出主景的手法。
4. 简述借景的手法。
5. 找一个苏州园林,分析其运用了哪些造景手法。

Yuanlin Guihua Sheji

第五章

园林组成要素及设计

一、园林地形设计

（一）地形的类型

1. 平地

园林中坡度比较平缓的用地统称为平地。平地的定义是土地的基面应在视觉上与水平面平行。但实际上，外部环境中并无这种绝对水平的地形统一体，一般是地形起伏较缓，让人感觉地面开放、空旷、无遮挡。平地是所有地形里最简明、最稳定的类型，给人以舒适、平静、踏实的感受。平地的适应性很广，限制较少，能承载各种各样的活动需求。平地可作为集散广场、交通广场、草地、建筑用地及山体和水面之间的过渡地带等，功能为接纳和疏散游人。设计者在设计中还应避免大面积平坦、无明显起伏的地形给人带来的乏味感。

2. 凸地形

凸地形是比周围环境的地势高的地形。凸地形的表现形式有坡度为 8％～25％的土丘、丘陵、山峦以及小山峰。凸地形在景观中可作为焦点物或具有支配地位的要素，特别是当其被低矮的设计形状环绕时。与平地相比，凸地形是一种具有动态感和进行感的地形，是代表权力和力量的因素，很多重要建筑物往往位于山坡的顶端或高高的台基之上。人位于凸地形的顶端有一种心理上的优越感。

3. 凹地形

凹地形在景观中可被称之为碗状池地，呈现小盆地状。凹地形在园林中通常作为一个空间，当其与凸地形相连接时，可完善地形布局。凹地形是园林中的基础空间，适合多种活动的进行。凹地形是一个具有内向性和不受外界干扰的空间，它可将处于该空间中的任何人的注意力集中在其中心或底层，给人一种分割感、封闭感和隐私感。凹地形的形成一般有两种方式：一是地面某一区域的泥土被挖掘而形成；二是两片凸地形并排在一起而形成。在凹地形中，空间制约的程度取决于周围斜坡的陡峭程度和高度，以及空间的宽度。

4. 脊地

脊地总体上呈线状，与凸地形相比较，更紧凑、更集中，可以说是更"深化"的凸地形。与凸地形类似，脊地可限定户外空间边缘，调节其坡上和周围环境中的小气候。在园林中，脊地可被用来转换视线在一系列空间中的位置，或将视线引向某一特殊焦点。脊地在外部环境中的另一个特点和作用是充当分隔物。脊地作为一个空间的边缘，犹如一道墙体将各个空间和谷地分隔开，使人感到有"此处"和"彼处"之分。从排水角度而言，脊地的作用就像一个"分水岭"，降落在脊地两侧的雨水，将流到不同的排水区域。

5. 谷地

谷地是呈线状的洼地，与凹地形相似，在园林中也是一个低地，具有凹地形的某些空间特性；同时，它与山脊相似，呈线状，沿一定的方向延伸，具有方向性。值得注意的是，谷地通常有小溪、河流以及相应的泛滥区，属于生态敏感区。因此，在谷地进行开发时要加倍小心，避免对生态环境造成破坏。

(二)地形的功能与作用

1.分割空间

无论园林规模的大小,园林若缺乏有效的空间分割,就会让人觉得索然无味。针对不同情况的园林,设计者可以用不同的元素对空间进行划分。地形是经济、有效的手段之一。设计者可以利用地形有效地、自然地划分空间,使之形成不同功能或景色特点的区域。利用地形划分空间应从功能、现状地形条件和造景几个方面考虑。当利用地形分割空间时,空间的底面范围、封闭斜坡的坡度、斜坡的轮廓线这三个要素会很明显地影响人们对空间的感受。园林规划设计可以利用这三个要素来创造无限变化的空间(见图5-1)。

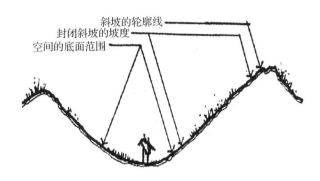

图5-1　利用地形分割空间的三要素

2.控制视线

地形能在园林中将视线导向某个特定点,影响某个固定点的可视景物和可见范围,形成连续观赏景观序列,也能完全封闭同向景物的视线。为了能在环境中使视线停留在某个特殊焦点上,设计者可在视线的一侧或两侧将地形增高。在这种地形中,视线两侧的较高的地面犹如视野屏障,封锁了分散的视线,从而使视线集中到景物上(见图5-2)。地形的另一类功能是构成一系列赏景点,来观赏某个景物或空间。

图5-2　利用地形控制视线

3.影响游览路线和速度

地形可被用在外部环境中来影响行人行走和车辆运行的方向、速度和节奏。在园林规划设计中,设计者可用地形的高低变化,斜坡的陡缓以及道路的宽窄、曲直变化来影响和控制游人的游览线路和速度。在平坦的土地上,人们的步伐稳健持续,不需要花费什么力气。而在变化的地形上,随着地面坡度的增加,或障碍物的出现,游览也就越发困难。为了上、下坡,人们就必须使出更多的力气,游览时间也就延长,中途的停顿休息也就逐渐增多。对于步行者来说,在上、下坡时,游览的平衡性受到干扰,每走一步都会格外小心,最终,他们会尽可能减少穿越斜坡的行动(见图5-3)。

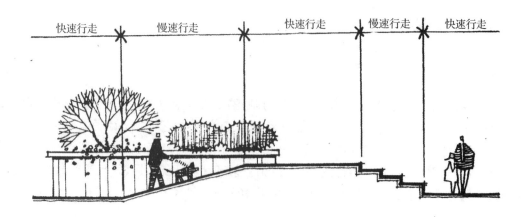

图 5-3　行走速度受地面坡度的影响

4. 改善小气候

地形可以影响景观的某个区域的光照、温度、风速和湿度等。从采光方面来说,朝南的坡面一年中大部分时间都保持较温暖和宜人的状态。从通风的角度而言,凸地形、脊地或土丘等可以阻挡刮向某个场所的冬季寒风。反过来,地形也可以被用来收集和引导夏季风。夏季风可以被引导穿过两高地之间的谷地、洼地、马鞍形的空间(见图 5-4)。

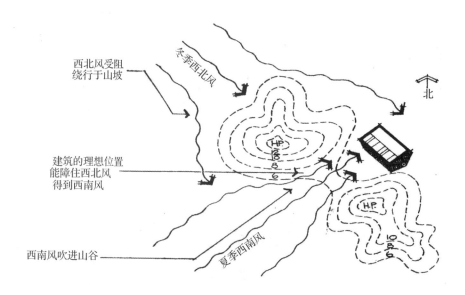

图 5-4　利用地形使建筑得到风和去风

5. 解决排水问题

园林中排水的组织主要依靠重力,因此有坡度变化的场地在设计时考虑到排水的组织,将会以最少的人力、财力达到最好的景观效果。在暴雨季节,较好的地形设计不会使场地内产生大量积水而破坏绿地的效果。从排水的角度来考虑,斜坡为了防止水土流失,其最大坡度一般不应该超过 10%,而为了防止积水,其最小坡度不应该小于 1%。创造一定的地形起伏,合理安排地形的分水和汇水线,使地形具有较好的自然排水条件,是充分发挥地形排水作用的有效措施(见图 5-5)。

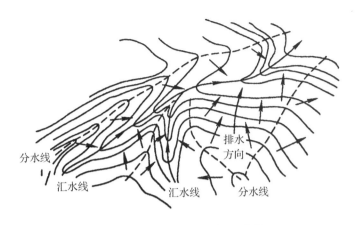

图 5-5　利用地形安排分水、汇水线

6. 改善种植和建筑物条件

地形可以改善种植条件,增加绿地面积。利用地形起伏,改善小气候,有利于植物生长。如果地面标高过低,地下水位高,雨后容易积水,会影响植物正常生长,在这种情况下,对其加以改造,将低洼处填高堆成微地形后种植植物,就可以使植物生存条件得到改善。在垂直投影面积相同的情况下,在微地形上铺草得到的绿化面积要比在平地上铺草大,能更好地满足人们对绿地的需求。

对于底面面积相同的基地来说,起伏的地形的表面积更大。因此在现代城市用地非常紧张的情况下,在进行城市园林建设时,加大地形的处理量会十分有效地增加绿地面积。地形处理产生的不同坡度特征的场地,为不同习性的植物提供了生存空间,提高了人工群落的生物多样性,从而加强了人工群落的稳定性。

地形可以改善建筑物条件,实现防水防潮,同时丰富建筑物的立面。

(三)地形处理与设计

1. 地形处理的原则

(1)因地制宜

因地制宜即根据不同的地形特点进行有针对性的设计,要点是利用为主、改造为辅,因地制宜、顺其自然,充分利用原有的地形地貌,考虑生态学的要求,营造符合生态环境的自然景观,减少对自然环境的破坏和干扰,应注意节约,考虑经济的可行性。

(2)功能性

地形设计应满足功能上的要求:游人集中的地方和体育活动场所应地形平坦;欣赏自然风光的场所的地形要有起伏;划船、游泳、种植水生植物、养鱼的场所要开辟水面;登高远眺的场所应堆山造山,造山地高冈;安静休息和游览赏景的场所要有山林溪流;文娱活动的场所需要室内外活动场地等。

(3)安全性

地形设计应考虑安全性,如应考虑土壤自然安息角。地形经自然沉降后坡角必须小于自然安息角,否则会出现滑坡或坍塌现象。地形起伏过大或坡度不大但同一坡度的坡面延伸过长会引起地表径流,产生坡面滑坡。坡度为 5%～10% 的地形排水良好,而且具有起伏感;坡度大于 10% 的地形只能在局部小范围加以利用。

(4)整体性

某个区域的地形是更大区域环境的一部分,地形具有连续性,不能脱离周边环境的影响,因此对于某个局部场地的地形设计要考虑周边各种因素的关系,力求达到最佳整体效果。

（5）适用性

地形的改造还应考虑为植物栽培创造条件。城市园林用地不能完全适合植物生长,在进行园林规划设计时,设计者要通过利用和改造地形,为植物的生长发育创造良好的环境条件。城市中较低凹的地形,可挖土堆山,抬高地面,以适应多数乔灌木的生长。设计者可以利用地形坡面,创造一个相对温暖的小气候条件,满足喜温植物的生长。

2. 地形处理的方法

（1）巧借地形

设计者可以利用环抱的土山或人工土丘挡风,创造向阳盆地和局部的小气候,阻挡当地常年有害风雪的侵袭;也可以利用起伏地形,适当加大高差至超过人的视线高度（1700 mm）,按"俗则屏之"的原则进行"障景";还可以以土代墙,利用地形"围而不障",以起伏连绵的土山代替景墙以"隔景"。

（2）巧改地形

建造平台园地,在坡地上修筑道路或建造房屋时,设计者可以采用半挖半填式进行改造,可起到事半功倍的效果。

（3）土方的平衡与景观造景相结合

尽可能就地平衡土方,将挖池与堆山结合,将开湖与造堤相配合,使土方就近平衡,相得益彰。

（4）安排与地形风向有关的旅游服务设施等有特殊要求的用地

园林中可设置风帆码头、烧烤场等用地。

3. 地形的表达方法

（1）等高线法

此法在园林规划设计中使用最多,一般地形测绘图都是用等高线表示的。在绘有原地形等高线的底图上用设计等高线进行地形改造或创作,可以达到在同一张图纸上表达原有地形、设计地形状况及公园的平面布置、各部分的高程关系的效果（见图 5-6）。这大大方便了设计过程中的方案比较及修改,也便于进一步的土方计算工作,因此,等高线法是一种比较好的设计方法。此法适合自然山水园的土方计算。

应用等高线进行公园的竖向设计时,设计者应了解等高线的基本性质。等高线是一组垂直间距相等、平行于水平面的假想面,与自然地貌相切所得到的交线在平面上的投影。给这组投影线标注上数值,便可用它在图纸上表示地形的高低陡缓、峰峦位置、坡谷走向及溪池的深度等内容。

等高线有以下性质。

①同一条等高线上的所有点的高程都相等。

②每一条等高线都是闭合的。由于园界或图框的限制,在图纸上不一定每根等高线都能闭合,但实际上它们还是闭合的。为了便于理解,我们假设园林基地被沿园界或图框垂直下切,形成一个地块,可以看到,没有在图面上闭合的等高线都沿着被切割面闭合了（见图 5-7）。

③等高线的水平间距的大小表示地形的缓或陡。等高线疏则地形缓,密则地形陡。等高线的间距相等,表示该坡面的角度相同;等高线平直,表示该地形是一处平整过的同一坡度的斜坡。

④等高线一般不相交或重叠,只有在悬崖处等高线才可能出现相交的情况。在某些垂直于地平面的峭壁、地坎、挡土墙、驳岸处,等高线才会重合在一起。

⑤等高线在图纸上不能直穿河谷、堤岸和道路等。以上地形单元或构筑物在高程上高出或低于周围地面,所以等高线在接近低于地面的河谷时转向上游延伸,而后穿越河床,再向下游出河谷;如遇高于地面的堤岸或路堤,等高线则转向下方,横过堤顶再转向上方。

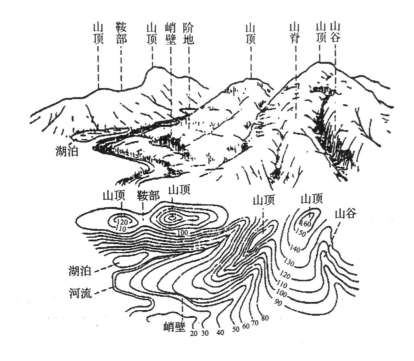

图 5-6　等高线地形图

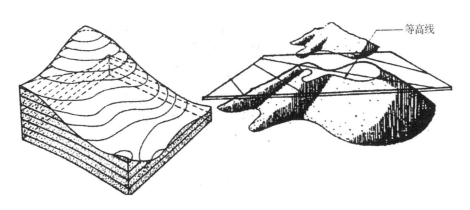

图 5-7　闭合的等高线

（2）标高点法

标高点法是用标高点表示地形上某个特定点的高程。标高点在平面图上的标记是一个"十"字记号或一个圆点,并同时配有相应的数值(见图 5-8)。等高线通常由整数来表示。标高点常位于等高线之间,而不在等高线之上,因此常用小数表示。标高点最常用在地形改造、平面图和其他工程图上,如排水平面图和基底平面图。标高点一般用来描绘某个地点的高度,如建筑物的墙角、顶点、低点、栅栏、台阶顶部和底部,以及墙体高端等。

（3）蓑状线法

蓑状线是在相邻两条等高线之间画出的与等高线垂直的短线,蓑状线是互不相连的(见图 5-9)。等高线与蓑状线的画法:先轻轻地画出等高线,然后在等高线之间加画主蓑状线。蓑状线常用在直观性园址平面图或扫描图上,以图解的方式显示地形。蓑状线在平面图上遮蔽了大多数细部,因此绝不可用在地形改造或其他工程图上。蓑状线的粗细和密度对于描绘斜坡坡度来说是一种有效的表达方式,蓑状线越粗、越密,则坡度越陡。此外,蓑状线还可用在平面图上以产生明暗效果,从而使平面图产生更强的立体感。相应而言,表示阴坡的蓑状线暗而密,表示阳坡的蓑状线则明而疏。

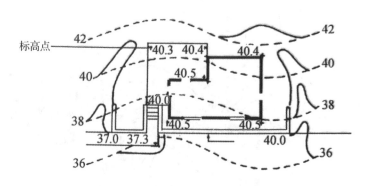

图 5-8　标高点法

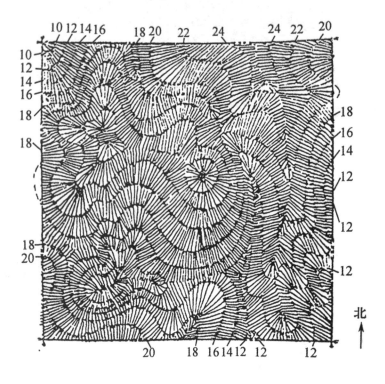

图 5-9　蓑状线法

（4）明暗与色彩法

明暗和色彩也可用来表示地形,最常用于海拔立体地形图,以不同浓淡或色彩表示高度的不同增值。每种独立的明暗调或色彩在海拔地形图上,表示一个地区的地面高度介于两个已知高度之间(见图 5-10)。

色彩模式:咖啡色,表示较高地形;黄色,表示丘陵;绿色,表示平原;蓝色,表示海洋、湖泊。

（5）模型法

模型法直观、形象、具体。制作地形模型的材料可以是陶土、木板、软木、泡沫板、厚硬纸板或者聚苯乙烯酯。制作材料的选取,要依据模型的预想效果以及所表示的地形复杂性而定。

（6）其他表示法

①比例法。比例法就是用斜坡的水平距离与垂直高差的比率来说明斜坡的倾斜度。第一个数表示斜坡的水平距离,第二个数(通常将因子简化成 1)代表垂直高差(见图 5-11)。比例法常用于小规模园址设计。

②百分比法。坡度的百分比通过斜坡的垂直高差除以整个斜坡的水平距离获得,即垂直高差÷水平距离＝百分比,如图 5-12 所示。例如,一个斜坡的水平距离为 50 m,垂直高差为 10 m,那么其坡度的百分比就应为 20%。

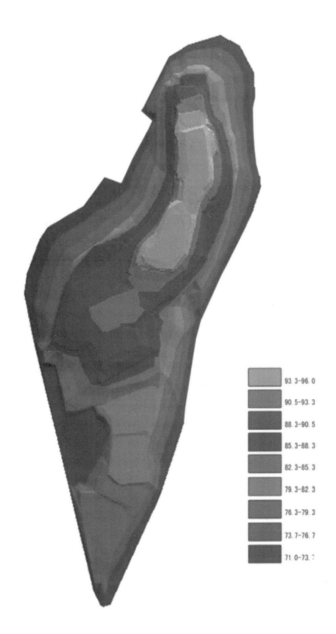

	93.3-96.0
	90.5-93.3
	88.3-90.5
	85.3-88.3
	82.3-85.3
	79.3-82.3
	76.3-79.3
	73.7-76.7
	71.0-73.7

图 5-10 明暗与色彩法

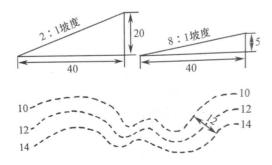

图 5-11 用比例法表示地形

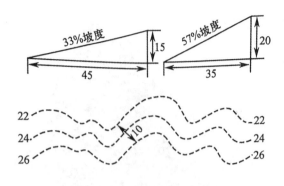

图 5-12　用百分比法表示地形

二、园林理水设计

(一)水体的类型

1. 按水体的形式划分

(1)自然式水体

自然式水体的外形轮廓为无规律的曲线。园林中自然式水体主要是对原有水体的改造或进行人工再造形成的,是将自然界中存在的各种水体形式进行高度概括、提炼、缩拟,并用艺术形式表现处理,如河、湖、溪、涧、泉、瀑等。自然式水体在园林中随地形变化而变化,有聚有散,有曲有直,有高有下,有动有静。

(2)规则式水体

规则式水体包括规则对称式水体和规则不对称式水体。规则式水体的外形轮廓为有规律的直线或曲线闭合而成的几何形,大多采用圆形、方形、矩形、椭圆形、梅花形、半圆形或其他组合类型,线条轮廓简单,多以水池的形式出现;规则式水体多采用静水形式,水位较为稳定,变化不大,面积可大可小,池岸离水面较近,配合其他景物,可形成较好的水面倒影。规则式水体包括规则式水池、运河、水渠、方潭、水井,以及形状规则的喷泉、跌水、瀑布等,常与山石、雕塑、花坛、花架、铺地、路灯等园林小品组合成景。

(3)混合式水体

混合式水体是规则式水体与自然式水体有机结合的一种水体类型,富于变化,具有比规则式水体更为自由、比自然式水体更贴近建筑空间环境的优点。混合式水体是规则式水体和自然式水体的交替穿插或协调使用。

2. 按水体的形态划分

(1)静水

静水是指水不流动、处于相对平静状态的水体,通常可以在湖泊、池塘或是流动缓慢的河流中见到。静水具有宁静、平和的特征,给人们舒适、安详的景观视觉。平静的水面犹如一面镜子。水面反射的粼粼波光可以引发观者激动和快乐的心情。静水还能反映出周围物象的倒影,丰富景观层次,扩大景观的视觉空间。静水包括湖水、池水、沼水、潭水、井水。

(2)动水

动水明快、活泼、多姿,其动态效果是溢漫的,是水花、水雾,可以产生活跃的气氛和充满生机的视觉效果。动水可以使环境呈现出活跃的气氛和充满生机的景象,有景观视觉焦点的作用。动水除了可以观赏,还可以给人以听觉上的享受,形态丰富多样,形声兼备,可以缓冲、软化城市中"凝固的建筑物"和硬质地面,可增加城市环境的生机,有益于身心健康和满足视觉艺术的需要,如河流、溪涧、瀑布、喷泉、壁泉等。

(二)水体的功能与作用

1. 分隔作用

在园林景观中,为了避免单调,为了不使游人产生平淡枯燥的感觉,设计者常利用桥、岛、堤等将水体分隔成不同的观赏空间,用水面创造园林迂回曲折的游览线路。隔岸相望,使人产生想要到达的欲望。跨越在汀步之上,也颇有趣味。水体可以丰富园景的层次和内容,拉长观赏路线,丰富观赏层次和内容。

2. 焦点作用

水体在园林规划设计中常常能起到画龙点睛的作用。设计师可以通过水体设计使整个景区充满生机和活力。水的点缀可以使景色更加迷人和多姿多彩。部分水体所创造的景观能形成一定的视线焦点。喷泉、瀑布、跌水、水帘、水墙和壁泉等动态水景,其水的流动形态和声响,以及所用材料、灯光的变化,能够调动人们的观感,调节人们的情绪,使人与园林形意相容。充分发挥此类水景的焦点作用,可形成园林中的局部小景或主景。

3. 基底作用

大面积的水体视域开阔、坦荡,有托浮岸畔和水中景观的基底作用。当进行大面积的水体景观的营造时,设计要利用水面的视线开阔之处及水面的基底作用,在水岸边的陆地上充分营造其他非水体景观,并使之倒映在水中。设计者在设计时要将水中的倒影和景物本身作为一个整体进行设计,综合造景,充分利用水面的基底作用。

4. 连接作用

在园林中利用线形的水体,将不同的园林空间和景点连接起来,可以形成一定的风景序列。利用线形水体将散落的景点统一起来,充分发挥水体的系带作用,可以创建完整的水体景观。此类水体多见于溪涧、河流等。设计者可以水为联系纽带,将园林中多个景点有机组织成一个整体,或依次展开不同的园林空间,充分将水体和周围的其他景物进行有机的结合,创造不同的水景或其他园林景观。另外,水体还具有可游性,游人在水中划船,岸上的景物依次展开,可以充分将各个景点有机地联系在一起。

5. 倒影作用

水面可以产生倒影。由于水的深浅不同,水底及壁岸的颜色不同,水面可以呈现出不同的倒影。水面波动时,会出现扭曲的倒影;水面静止时,会出现宁静的倒影。水面的倒影作用,增加了园景的层次感和景物构图的完美性。

(三)水体的设计

1. 湖、池

湖、池有天然和人工之分,园林中的湖、池多为自然水域略加修饰或依地势开凿而成,水岸线应曲折多

变,沿岸因境设景。在我国古典园林和现代园林中,湖、池常作为园林的构图中心。园林中供观赏的水面,面积不大时宜以聚为主。较大的湖、池中可设堤、岛、半岛、桥,或种植水生植物分隔,以丰富观赏内容及观赏层次、增加水面变化。广阔的水面,虽有"烟波浩渺"之感,但容易显得单调,故在园林中常将大水面划分成几个不同的空间,情趣各异,形成丰富的景观层次。

2. 溪、涧

在自然界中,泉水由山上集水而下,通过山体断口夹在两山间的水流为涧,山间浅流为溪。一般习惯上"溪""涧"通用,常以水流平缓者为溪,湍急者为涧。园林中可在山坡的适当之处设置溪、涧,溪、涧的平面应蜿蜒曲折,有分有合,有收有放,构成大小不同的水面或宽窄各异的水流。溪、涧竖向应有缓有陡,陡处形成跌水或瀑布,落水处还可构成深潭。多变的水形及落差配合山石的设置,可使水流忽急忽缓、忽隐忽现、忽聚忽散,形成各种悦耳的水声,给人以视听上的双重感受,引人遐想。

3. 喷泉

喷泉是指地下水从地面涌出。喷泉流速大,涌出时高于地面或水面,是水体造景的重要手法之一。喷泉是以喷射优美的水形取胜,整体景观效果取决于喷头嘴形及喷头的平面组合形式。现代喷泉的造型多种多样,有球形、蒲公英形、涌泉形、扇形、莲花形、牵牛花形、直流水柱形等。除普通喷泉外,由于光、电、声波及自控装置已在喷泉上广泛应用,喷泉还有音乐喷泉、间歇喷泉、激光喷泉等。另外,很多地方将传统的喷水池移至地下,保持表面的完整,形成一种"旱地喷泉",喷水时,可以让人们欣赏变幻的水姿,不喷水时则可当作集散广场使用。

4. 瀑布

从河床横断面陡坡或悬崖处倾斜而下的水为瀑,因遥望之如布悬垂而下,故称瀑布。瀑布是动态水景。大型风景区常有天然瀑布可以利用。人工园林中,在经济条件和地貌条件允许的情况下,设计者可以模仿天然瀑布的意境,创造人工小瀑布。瀑布设计按其结构应安排好上流、落水口、瀑身、瀑潭及下流。上流即水源。落水口为水流经悬崖的下落处,落水口一般由自然山石砌成,宽瀑口可形成帘布状瀑景,瀑口处砌石可形成多股式瀑景。瀑身为瀑布的主要观赏面。瀑布的下落方式有挂瀑、叠瀑、飞瀑、帘瀑四种。瀑潭为接受瀑水的受水池。下流是瀑布的排水处。为节约用水,人工瀑布一般利用马达抽取瀑潭之水循环使用。马达应埋于山石深处,以防噪声污染园林环境。

5. 岛

岛在园林中可以划分水面的空间,使水面形成几种有情趣的水域,水面仍有连续的整体性。在较开阔的水面上,岛可以打破水面平淡的单调感。岛居于水中,为块状陆地,四周有开敞的视觉环境,是欣赏四周风景的中心点,又是被四周所观望的视觉焦点。故可在岛上与对岸边建立对景。岛位于水中,增加了水中空间的层次,所以又具有障景的作用。通过桥和水路进岛,又增加了游览情趣。水中设岛忌居中与整形,一般多设于水的一侧或重心处。大型水面可设1～3个大小不同、形态各异的岛屿,不宜过多,岛屿的分布须自然疏密,与全园景观的障、借结合。岛的面积要依所在水面的面积大小而定,宁小勿大。

6. 驳岸

堤是将大型水面分隔成不同景色的带状陆地,它在园林中不多见,比较著名的堤有苏州的苏堤、杭州的白堤、北京颐和园的西堤等。堤上设道,道中间可设桥与涵洞,沟通两侧水面;如果堤长,可多设桥,每个桥的大小、形式应有变化。堤的设置不宜居中,须靠水面的一侧,使水面分割成大小不等、形状有别的两个主与次的水面。堤多为直堤,少用曲堤。有时也结合拦水堤设过水堤(过水坝),这种情况有跌水景观,堤上必须栽树,可以加强分割效果。堤身不宜过高,宜使游人接近水面,堤上还可设置亭、廊、花架及座椅等休息性设施。

三、园林道路设计

(一)园路的类型

1. 按使用功能分类

(1)主路

主路是从园林入口通向全园各景区中心、各主要建筑、主要景点、主要广场的园路,起到交通集散、引导游览的作用。它可以对园内外景色进行剪辑,引导游人欣赏景色。主路是园林内大量游人行进的路线,必要时可允许少量管理用车的通行。道路两边应充分绿化,道路宽度一般为 4.0~6.0 m。另外,主路的坡度不宜太大,一般不设台阶,方便交通运输。

(2)次路

次路是设在各个景区内的路,它联系各个景点,对主路起辅助作用,与主路结合组成道路网。考虑到游人的不同需要,在园路布局中,设计者还应为游人由一个景区到另一个景区开辟捷径。次路的宽度一般为 2.0~4.0 m。次路应能通行小型服务车辆。

(3)游憩小路

游憩小路也称"游步道""小径",是风景园林道路系统的末梢,是供游人游览、观光、休憩的小道。一般而言,单人通行的园路的宽度为 0.6~0.8 m,双人通行的园路的最小宽度为 1.2 m,并应尽量满足二人并行的需求。道路设计及路面材料可灵活处理,因景成路。游憩小路是引导游人深入景点、寻胜探幽的道路,一般设在山岳、峡谷、小岛、花间和草地上。

(4)园务路

园务路是解决景区局部地段交通的园路,主要为景区内生产管理、园务运输和消防等服务。这种路往往有专门的入口,直通公园的仓库、餐馆、管理处、杂物院等地,并与主路相通,以便把物资直接运往各景点。在有古建筑、风景名胜处,园路的设置应考虑消防的要求。

2. 按构造形式分类

(1)路堑型(也称街道式)

低于周围绿地表面的挖方路基为路堑。路堑型园路的路面低于两侧地面,道牙高于路面,采用道路排水(见图 5-13)。

(2)路堤型(也称公路式)

高于周围绿地表面的填方路基为路堤。路堤型园路的路面高于两侧地面,平道牙靠近边缘,利用明沟排水(见图 5-14)。

(3)特殊型

特殊型园路包括步石、汀步、蹬道、攀梯等。

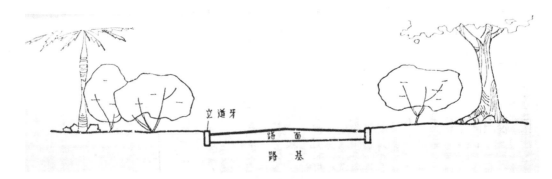

图 5-13　路堑型园路立面

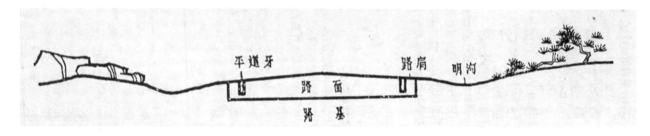

图 5-14　路堤型园路立面

3. 按面层材料分类

（1）整体路面

整体路面是面层一次性连续铺筑而成的路面，包括水泥混凝土路面和沥青混凝土路面。整体路面平整、耐压、耐磨，适用于公园主路和出入口。

（2）块料路面

块料路面是用各种不同形状和尺寸的块状材料（天然的或人工的）铺成的路面，包括各种天然块石或各种预制块料铺装的路面。块料路面的施工较为简单，易于翻修，但手工铺筑难以机械化，建造费用较高，受力不均匀。块料路面坚固而平稳，图案纹样和色彩丰富，适用于广场、游步道和通行轻型车辆的地段。

（3）碎料路面

碎料路面是用各种碎石、瓦片、卵石、水洗石等组成的路面。碎料路面图案精美，装饰性强，表现内容丰富，造价较为低廉，但易受污染，不易清扫。碎料路面主要用于庭院和各种游憩小路。

（4）简易路面

简易路面是由煤屑、三合土等组成的路面，多用于临时性或过渡性园路。

（二）园路的功能与作用

1. 划分空间

园林是一种以有限面积创造无限空间的综合艺术，中国传统园林所谓"道莫便于捷，而妙于迂""路径盘蹊""曲径通幽"等都不外乎是说园路在有限的空间内忌直求曲，以曲为妙。园路的目的在于增加园林的空间层次，同时划分景区。广义的园路不仅包括道路，还包括为人集散和活动安排的各种铺装场地。这些场地是园路扩大的部分，也是一种空间，园路是这个空间的主体。

2. 组织交通

园路的交通有两个方面的考虑。首先是游览交通。园路规划时要考虑人流的分布、集散和疏导,使游客有一条既能游遍全园又能根据个人的需要,深入各个景区或景点的路线。同时,规划要重视儿童、老年人及残疾人游憩的方便,合理地组织路线。其次是园务交通。公园要为广大游客提供必要的餐饮、小卖店等方面的服务,要经常进行维修、养护等方面的管理工作,要安排职工的生活,这些都必须有便利的交通运输条件。对于小公园,园路的游览功能和交通运输功能可以结合起来考虑,但在大型园林中,由于园务运输交通量大,园路需要分开设置,避免干扰,应补充必要的园务专用道和出入口。

3. 引导游览

园林常常利用地形、建筑、植物或道路将全园划分为几个景区,设置若干景点,布置许多景物,而后用园路把它们联结起来,构成一个整体。便布全园的道路网按设计意图、路线和角度把游人引导、输送到各景区、景点的最佳观赏位置。在引导的过程中,园路组织着园林景观的展开和游人观赏的程序。游人沿着园路行走,使园林景观序列一幕幕地推演,路面的宽窄、形状也影响着行走的速度与节奏。游人通过对景色的观赏,在视觉、听觉、嗅觉等方面获得美的享受,即所谓"景由路出,路自景开"。所以说,园路也是游客的导游。

4. 丰富园景

作为园林界面之一,园路与山、水、植物、建筑等共同组成空间画面,构成园林艺术的统一体。优美的园路曲线、精美的铺装图案、多变的铺地材料,有助于园林空间的塑造,丰富游人的观赏趣味。同时,通过和其他造园要素的密切配合,园路可深化园林意境的创造,不仅可以"因景设路",而且能"因路得景",路景浑然一体,形成路随景转、景因路活、相得益彰的艺术效果。

5. 综合功能

利用园路组织雨水的排放是园林中实现以地形排水为主的主要方式。道路汇集两侧绿地径流之后,利用纵向坡度,即可按预定方向将雨水排除。同时园路系统的设计是水、电、燃气、通信等市政管网工程的基础,直接影响水、电、燃气、通信等地下管线的布置。

(三) 园路的设计

1. 园路布局要点

(1)园路与建筑

园路与建筑物的交接处,常常能形成路口。从园路与建筑物相互交接的实际情况来看,设计者一般都在建筑旁设置一块较小的缓冲场地,园路则通过这块场地与建筑物交接。但一些有过道作用的建筑物,如游廊等,也常常不设缓冲小场地。我们常见的建筑物与园路的交接形式多为平行交接和正对交接,是指建筑物的长轴与园路中心线平行或垂直。还有一种侧对交接,是指建筑长轴与园路中心线垂直,并从建筑正面或侧面与其交接。

实际处理园路与建筑物的交接关系时,一般都避免斜路交接,特别是正对建筑某一角的斜角,冲突感很强。对不得不斜交的园路,要在交接处设一段短的直路作为过渡,或者将交接处形成的路角改成圆角。

(2)园路与种植

最好的绿化效果,应该是林荫夹道。郊区绿化面积大,行道树可与两旁绿化种植结合在一起,自由进

出,不按间距灵活种植,实现路在林中走的意境。在园路的转弯处,设计者可以利用植物强调,比如种植大量五颜六色的花卉,既有引导游人的功能,又极其美观。园路的交叉路口处,常常可以设置中心绿岛、回车岛、花钵、花树坛等,同样具有美观和疏导游人的作用。

设计者还应注意园路和绿地的高低关系。园路常是浅埋于绿地之内,隐藏于绿丛之中的,尤其是山麓边坡外,园路一经暴露便会留下道道痕迹,极不美观,所以要求路比"绿"低。

（3）园路与水体

中国园林常常以水体为中心,主路环绕水面,联系各景区,是较理想的处理手法。当主路临水面布置时,路不应该始终与水面平行,这样会因缺少变化而显得平淡乏味。较好的设计是根据地形的起伏、周围的景色,使主路和水面若即若离。落水面的道路可用桥、堤或汀步相接。

另外,设计者还应注意滨河路的规划。滨河路是城市中临江、河、湖、海等水体的道路。滨河路在城市中往往是交通繁忙且景观要求较高的干道,因此对临近水面的游步道布置有一定的要求。游步道的宽度最好不小于 5 m,并尽量接近水面。滨河路比较宽时,最好布置两条游步道:一条临近道路人行道,便于行人来往;另一条临近水面,形成滨水步道。临近水面的游步道要宽些,供游人漫步或驻足眺望。

（4）园路与地形

园路的斜坡有横坡和纵坡两种。横坡是指由园路中心线向路两侧倾斜的斜坡,是为了园路排水、将雨水排到两侧的井中设置的,坡度为 4% 左右。纵坡的坡度与园路的类型、路面材料等相关。主路纵坡的最大坡度为 7%～9%,次路纵坡的最大坡度为 8%～10%,小路纵坡的最大坡度小于 15%。山地园路因受地形限制宽度不宜大,当坡度超过 10% 时应顺等高线做盘山道,以减小坡度,坡度超过 15% 时,须设踏步、筑台阶。

（5）园路路口设计

园路路口设计是园路设计的重要组成部分。从规则式园路系统和自然式园路系统的相互比较情况看来,自然式园路系统中的路口以三岔路口为主,规则式园路系统中的路口则以十字路口为主。但从加强导游性来考虑,路口设置应少一些十字路口,多一点三岔路口。

道路相交时,除山地陡坡地形之外,一般尽量采用正相交方式。斜相交时斜交角度如呈锐角,其角度也尽量不小于 60°。角度过小,车辆不易转弯,游人也常常会穿绿地。路口处形成的道路转角应做成圆角,且要保证足够的转弯半径。园路路口设计要有特点:一是美观,二是利于辨识。在三岔路口中央可设计花坛、花舌等,要注意各条道路都要以其中心线与花坛的轴心相对,不要与花坛边线相切,路口的平面形状,应与中心花坛的形状相似或相适应。

2. 园路设计中应注意的问题

①现代园林中,设计师或某些个人常主观地将本身很美的自然地形整成一马平川,使园路失去立面上的变化,或者将平面堆成"小山包",强硬地使园路"三步一弯,五步一曲"。

②园路布局形式有自然式、规则式和混合式三种,但不管采用什么园路形式,最忌讳的是"断头路""回头路",除非有一个明显的终点景观和建筑。

③园林绿地规划中园路所占比例不合适可能造成交通不便、人们行路挤占绿地的现象。如某些繁华商业区中的广场,每天人都很多,但其设计中绿地草坪占很大的面积,园路穿插其中只占很小的比例,游人难免踩踏草坪,影响景观效果。相反,有些规划设计中,设计者又过多规划园路,使其形如蜘蛛网,不仅影响景观效果,同时给建筑投资也加大了负担,还对生态环境不利。

④有些园路交叉口设计不合理,夹角太小,未考虑转弯半径。人们为了方便,往往踩踏草坪。有些交叉口相交路数量太多,造成人们在路口交叉处无所适从的现象。

⑤有些园路在与环境的处理上，不是很适宜，如园路与圆形花坛相切、道路与水体驳岸紧贴布置等。

四、园林建筑小品设计

(一)园林建筑小品的特点

1. 园林建筑小品的类型

按园林建筑小品的使用功能来进行分类，园林建筑小品大致可以分成 4 个类型。

(1)服务建筑

服务建筑的使用功能主要是为游人提供一定的服务，兼有一定的观赏作用，如门卫及管理房、商品售卖用房、茶馆、餐厅和厕所等。

(2)休息建筑

休息建筑也叫游憩性建筑，这类建筑通常具有较强的公共游憩功能和观赏作用，如亭、廊、榭、舫、花架等。

(3)专用建筑

专用建筑主要是指使用功能较为单一，为满足某些功能而专门设计的建筑，如办公室、展览馆、陈列室、博物馆、观赏室和仓库等。

(4)园林建筑小品

园林建筑小品主要是指具有一定使用功能和装饰作用的小型建筑设施，其类型很多，如栏杆、园墙、园桌、园椅、园灯、门洞、花窗、花格、装饰隔断、指示牌、雕塑、园桥和垃圾箱等。

2. 园林建筑的特点

园林建筑只是建筑的一个分支，同其他建筑一样都是为满足某种物质和精神的功能需要而构造的。但园林建筑因其在物质和精神功能方面与其他建筑不一样而表现出以下几个特点。

(1)特殊的功能性

园林建筑的艺术性要求高，应具有较高的观赏价值或富有内涵。也就是说园林建筑除了具有一定的使用功能外，更需具备较高的观赏功能。

(2)设计的灵活性

园林建筑因受到休憩、娱乐、生活的多样性和观赏性的影响，在设计时无规可循、受制约的程度小，使得其设计的灵活性大。园林建筑设计在数量、体量、布局地点、材料和颜色方面都具有很高的自由度，似乎无章可循，却都因景而设。虽然这样的设计条件既空泛又抽象，设计难度大，但也给设计者带来很大的设计空间，可以充分体现其艺术风格。

(3)观赏的动态性

园林建筑提供的空间要满足游人在动中观景的需要，务求景色富有变化，达到步移景异的效果。因此，设计者在园林建筑设计时要充分考虑游人的活动性，利用建筑空间的"挡""引""障"与"敞"，使园林建筑形成的空间变化丰富，尽量在有限的空间展示多样的景观画面。

(4)环境的协调性

园林建筑是建筑和园林有机结合的产物，具有园林的特殊性，在园林建筑设计时，建筑物要有助于增添

景色,并与园林环境相协调。在园林中,园林建筑不是孤立存在的,需要与山、水和植物等有机结合,相互协调,共同构成一个极具观赏性的景观。

3. 园林建筑小品的特点

园林建筑小品是园林建筑的一部分,除具备园林建筑的某些特点之外,还具备以下几个特点。

(1)体量小,结构简单

园林建筑小品是经过艺术处理,具有独特的观赏和使用功能的小型建筑构筑物。园林建筑小品的体量一般都不大,结构简单。

(2)造型别致

园林建筑小品在园林中往往起到画龙点睛的作用,具有吸引游人视线的作用。园林建筑小品在造型上要充分考虑特异性,要富有情趣。

(3)装饰性强

园林建筑小品在园林景观中具有较强的装饰性:一方面,园林建筑小品在室内外空间运用时需经过精心加工;另一方面,园林建筑小品具有艺术化和景致化的作用,可以增添园林气氛。

(二)园林建筑小品的作用

园林建筑小品是为了给人提供人休息、观赏的场所,为了方便游览活动或为了方便园林管理而设置的园林设施。园林建筑小品既要满足使用功能,又要满足景观的造景功能,还要与园林环境密切结合,融为一体。

园林建筑的体量相对较大,可形成内部活动的空间,在园林中往往成为视线的焦点,甚至成为控制全园的主景,因此在造型上也要满足一定的欣赏功能。园林建筑小品造型轻巧,一般不能形成供人活动的内部空间,在园林中起着点缀环境、丰富景观、烘托气氛、加深意境等作用,同时,园林建筑小品本身具有一定的使用功能,可满足一些游憩活动的需要。

(三)园林建筑设计

1. 亭

(1)亭的形式

亭的形式有很多种,按亭的形状可以分为三角亭、四角亭、六角亭、八角亭、方亭、长方亭、圆亭、双圆亭、扇形亭等;按亭的竖向组合可划分为单层、两层和多层的亭子;按亭的立面形式可以分为单檐、重檐和三重檐的亭子。

(2)亭的布置

亭的布置较为灵活,主要按照总体规划的意图进行选址,运用各种造景手法,充分发挥其观景和点景功能,因地制宜,加以选择。“亭安有式,基立无凭”。扬其基址特点,配合恰当的造型,构成一幅优美的风景画面。亭的布置一般有下面几种情况。

①山上建亭。

山上建亭能打破山形的天际线,丰富山形轮廓,一般选择宜于鸟瞰远眺的地形,且以眺览范围越空阔越好。山上建亭多见于山顶、山腰、山谷溪涧等处。亭立于山顶可以成为俯瞰山下景观、远眺周围风景的观景点。山腰建亭可以丰富山体立面景观。

②水边或水上建亭。

水边建亭，一方面是为了观赏水面的景色；另一方面也可丰富水景效果。水上建亭，一般宜尽量贴近水面，宜低不宜高，宜突出于水中，三面或四面临水。水上建亭常与桥结合，其中小湖面桥上建亭应低临水面。临水建亭、小水面建亭宜低临水面；大水面建亭，宜设置临水高台。

③平地建亭。

平地建亭位置随意，一般将亭建于道路的交叉口或路侧的林荫之间。有时亭被一片花木山石环绕，形成一个小的私密性空间环境；有的在自然风景区的路旁或路中筑亭作为进入主要景区的标志。平地建亭能充分体现亭的休息、纳凉和游览作用，做到看似随意，实则精心安排。

④亭与植物结合。

用植物命名的亭有牡丹亭、桂花亭、荷风四面亭等。亭旁种植植物应有疏有密，要有一定的欣赏和活动空间。

(3)亭的材质

根据结构和色彩特点，亭应尽量做到就地取材，使其在质感上与环境协调统一。亭的色彩设计应综合考虑亭所处的环境和其功能特点：一般休息、观景功能的亭应尽量与周围环境协调统一；点景的亭应在和环境色彩协调的同时，形成一定的对比效果，达到突出点景效果的作用。亭的色彩还要根据风俗、气候与爱好而定，如南方多用黑、褐等暗的色彩，北方多用鲜艳色彩。在建筑物不多的园林中，亭以淡雅色调为好。

现代建筑中采用钢、混凝土、玻璃等新材料和新技术建亭，为建筑创作提供了更多的方便条件。现代亭在造型上也更为活泼自由，形式更为多样，例如平顶式亭、伞亭、蘑菇亭等。

2. 廊

(1)廊的形式

廊根据横剖面构造形式不同分为双面空廊、单面空廊（半廊）、复廊（里外廊）、暖廊、单支柱廊、双层廊（楼廊）；根据平面布局形式不同分为直廊、曲廊、回廊；根据与环境的相对关系不同分为平地廊、爬山廊、沿墙走廊、水走廊、桥廊；根据顶的形式不同分为平顶廊、坡顶廊；根据功能不同分为休息廊、展览廊、等候廊、分隔空间的廊。

(2)廊的布置

①平地建廊。

平地建廊时，廊常建在草坪一角、休息广场、大门出入口附近，也可沿园路布置或用来覆盖园路，还可与建筑相连等。建在小空间或小型园林中的廊，常在界墙及附属建筑物以"占边"的形式布置。

②水边或水上建廊。

位于岸边的水廊，廊基紧贴水面，廊的平面也大体紧贴岸边，尽量与水接近。

水上的廊，以露出水面的石台或石墩为基，其底板尽可能贴近水面，并使两边水面能穿经廊下相互贯通，人在廊中游，别有情趣。

③山地建廊。

山地的廊可以供游人游山观景和联系山坡上下不同标高的建筑物。山地建廊可连接建筑，形成通道避雨防滑，廊因地形蜿蜒高低，可以丰富山地建筑的空间构图。

(3)廊的设计要点

①出入口。

廊的出入口多在廊的两端或者中间，将其空间适当放大加以强调，在立面和空间处理上也可作重点强调，以突出其美观效果。

②内部空间的处理中。

曲廊在内部空间层次上可以产生平面上开合的各种变化,廊内空间做适当隔断,可以增加廊曲折空间的层次及深度,廊内设洞门、花格、隔断及漏花窗均可达到这种效果。另外,将植物放入廊内,廊内地面做升降,可以在竖向产生高低等丰富的变化。

③立面造型。

亭廊组合,可以丰富立面造型,扩大平面重点部位的使用面积。设计者要注意建筑空间组合的完整性与主要观赏面的透视景观效果,使廊亭具有统一风格的整体性。

④廊的装饰。

廊的装饰包括座凳栏杆、透窗花格、挂落、灯窗。颜色使用方面,北方多用红绿色,南方多用深褐色。

⑤材料及造型。

由于新材料的应用,廊的平面可为任意曲线,立面可为薄壳、悬索、折板和钢网架等多种形式。

3. 榭

榭是建在岸边紧贴水面的小型园林建筑。榭在现代园林中应用极为广泛,它的结构依照自然环境的不同可以有各种形式,而我们现在一般把"榭"看作一种临水的建筑物,所以也称"水榭",又名"水阁"。

榭这种建筑是根据周围景色布置的,它的基本形式是在水边架起一个平台,平台一半伸入水中,一半架于岸边,平面四周以低平的栏杆围绕,然后在平台上建一个木构的单体建筑物,其临水一侧开敞,可以供人休息、观赏风景,并利用它变化多端的形体和精巧细腻的建筑风格表现榭的美,具有点缀风景的作用,如苏州拙政园的"芙蓉榭"、北京颐和园谐趣园里的"洗秋"和"饮绿"等。

4. 舫

舫是依照船的造型在园林湖泊中建造的一种船形建筑物。由于像船但不能动,所以亦名不系舟、旱船。舫可以供人们游玩饮宴、观赏水景,身临其中,颇有乘船荡漾于水中之感。根据形式不同,舫可分为三种类型。

(1)写实型舫

写实型舫全然以建筑手段来模仿现实中的船,完全建构在水上,在靠近岸的一面,有平桥与岸连接,平桥模仿跳板,以颐和园的清晏舫和南京煦园的不系舟为代表。

(2)集萃型舫

集萃型舫是一种建造在水边,按船体结构建造而外形经过一些建筑化处理的一种仿船建筑,以拙政园的香洲和苏州怡园的画舫斋为代表。

(3)象征性舫

象征性舫是用抽象的手法来模仿船的某些场景或意境的一种建筑形式,以中国古代的"船厅"为代表,如广东顺德清晖园的船厅和扬州寄啸山庄的单层船厅。

舫一般由三部分组成,即船头、中舱和尾舱。船头前部有跳台,似甲板,船头常做敞篷,供赏景用。中舱是主要空间,是休息、饮宴的场所,地面比船头低1~2级,有入舱之感,中舱两侧面常做长窗,坐着观赏时可有宽广的视野。尾舱是仿驾舱,常作两层建筑,下实上虚,上层状似楼阁,四面开窗以便远眺。

舫的前半部多三面临水,船首一侧常设平桥与岸相连,仿跳板之意。通常,下部船体用石建,上部船舱则多木结构,如苏州拙政园的香洲、怡园的画舫斋、北京颐和园的石舫等。

5. 楼、阁

楼是指二层或二层以上的房屋;阁是楼房的一种,四周开窗,属造型较轻巧的建筑物。楼、阁是园林中的高层建筑,供人们登高远眺,游憩赏景。楼、阁在园林的作用是赏景和控制风景视线,常成为全园艺术构图的中心,成为该园的标志,如颐和园的佛香阁、武汉的黄鹤楼等。楼、阁因其凌空高耸,造型精美,常成为园林中的主要景点。现代园林中,楼、阁除供远眺、游憩外,还作为餐厅、茶室、接待室等。

6. 轩、台

轩原为古代马车的前棚部分。建筑中把厅堂前卷棚顶部分或殿堂的前槽称为轩,也有的将有窗户的长廊或小屋子称为轩。园林中的轩指较为高敞、安静的园林建筑。轩的功能是为游人提供安静休息的场所,如颐和园的养云轩、福荫轩等。台是我国最早出现的建筑形式之一,用土垒筑,高耸广大,有些台上建造楼阁厅堂,布置山水景物。轩和台都建于空旷的部位,能登高远眺风景,如河北承德避暑山庄的山近轩,苏州网师园的竹外一枝轩等。现代园林里的台主要是供游人登临观景,除了通常的楼台,有的建在山岭,有的建在岸边,不同的景点有不用的景观效果。

7. 塔

塔是一种高耸的建筑物或构筑物,如佛塔、灯塔、水塔,在园林中常起到标志及主景作用,还可供游人登临眺望赏景,如北京的北海公园的白塔、延安的延安宝塔、杭州的六和塔等。塔的平面以方形、八角形居多,层数一般为单数,罕见双数。塔可分为木结构塔和砖石结构塔。砖石结构塔又有楼阁式塔、密檐式塔、喇嘛塔、金刚宝座塔等。园林中的塔样式各异,一般南方的塔清秀挺拔,北方的塔端庄厚重。

8. 馆

馆在古代是房舍建置的通称,后来主要指接待宾客或供饮宴娱乐的房舍,如北京颐和园的听鹂馆。除此之外,现代的公共文化娱乐、饮食、旅居的场所,外交使节办公的处所也称馆,如大使馆、展览馆、饭馆等。

9. 殿

在皇家园林及寺庙园林中常见此类建筑。古代把高大的堂称为殿。在园林中,殿大多为帝王、贵族活动的主体建筑,如颐和园的排云殿、仁寿殿,故宫的太和殿。殿也指寺庙群中的主体建筑,如大雄宝殿等。殿的主要功能是丰富园林景观,作为名胜古迹的代表建筑,供人们游览瞻仰。

10. 斋

斋本来是宗教用语,指古人斋戒之所,即守戒、屏欲的地方,如皇帝祭天前先到天坛斋宫沐浴斋戒三日。斋后被移用到造园上来,主要是取它"静心养性"的意思,一般指用作书房、学舍的房屋。在园林中,斋常建在较幽静的地方,如北京北海公园的静心斋,苏州网师园的集虚斋。

(四)园林小品设计

1. 花架

花架是指供攀缘植物攀爬的棚架。花架是中国园林特有的一种园林建筑,是建筑与植物紧密结合的最接近自然的园林景观。花架造型灵活、富有变化,可供人休息、观赏,还可划分空间、引导游览、点缀风景。

(1)花架的形式

花架的形式有点式,廊式;直线形、曲线形、闭合形、弧形;单片式,网格式等。

(2)花架的材料

花架常用的建筑材料有以下几种。竹木材:朴实、自然、价廉、易加工,但耐久性差;也可用经过处理的木材作材料,以求真实、亲切。钢筋混凝土:最常见的材料,基础、柱、梁都可根据设计要求浇灌成各种形状,也可做成预制构件,现场安装,灵活多样,经久耐用,使用最为广泛。石材:厚实耐用,但运输不便,常用块料做成花架柱。金属材料:轻巧易制,构件断面及自重均小,常用于独立的花柱、花瓶等;造型活泼、通透、多变、现代、美观;使用时要注意使用地区和选择攀缘植物种类,以免炙伤嫩枝叶;应经常涂油漆养护,以防脱漆腐蚀。

(3)花架的位置

花架一般设在地势平坦处的广场边、广场中、路边、路中、水畔等处。

(4)花架设计要点

花架的设计主要包括建筑框架的设计和植物材料的选择两个方面,花架点状布置时,就像亭一样,形成观赏点,并可以在此组织对环境景色的观赏。花架的植物根据花架的功能来选择,主要为藤本植物或攀缘植物。遮阴为主的花架选择枝繁叶茂、绿期长的藤本植物,如紫藤等;观赏为主的花架选择可以观花、观果或观叶的植物,如藤本月季、葡萄等。应注意,北方冬天寒冷,设计者要考虑在花架上没有植物的情形下,也有景可观。

2. 园桥与汀步

园桥不仅起着通行的作用,还有组织游览的作用。园桥可以分隔水面,划分水域空间,还可以让人休息赏景。一座造型美观的园桥还可自成一景,既是构筑物又是建筑物,如颐和园的十七孔桥、广西三江的风雨桥。园桥根据构筑材料不同可以分为石桥、木桥、钢筋混凝土桥等;根据结构形式,又有梁式与拱式、单跨与多跨之分,其中拱桥又有单曲与双曲之分;根据形式可以分为贴临水面的平桥,起伏带孔的拱桥,曲折变化的曲桥,桥上架屋的亭桥、廊桥等。

园林中的桥既有园路的特征,又有园林建筑的特征:贴临水面的平桥、曲桥,可以看成跨越水面的园路的变形;带有亭廊的亭桥、廊桥可以看成架在水面上的园林建筑;桥面较高,可通行游船的拱桥,既有园林道路的特征,又有园林建筑的特征。

汀步有类似桥的功能,它是在浅水中设石墩,石墩露出水面,游人可步石墩临水而过,别有风趣。汀步适用于窄、浅且游人少的水面,这种贴近水面的汀步在设计时应考虑游人安全,石墩间距不宜过大。

3. 园椅与园凳

园椅、园凳是供人们坐息、赏景用的设施,是各种园林绿地及城市广场中必备的设施。它具有功能作用,还具有组景的作用。有时,在大范围组景中,设计者也可以运用园椅来分割空间。在园林中,设置形式优美的园凳具有舒适诱人的效果,丛林中巧置一组树桩或一组景石凳可以使人觉得林间生意盎然。在大树浓荫下,置石凳二三,长短随意,往往能变无组织的自然空间为有意境的庭园景色。

园椅与园凳的造型轻巧美观、形式活泼多样、构造简单朴实、制作方便且坚固耐用。其色彩风格要与周围环境相协调,高度宜为30~45 cm,过高或过矮均不合适。制作园椅的材料有钢筋混凝土、石、陶瓷、木、铁等。其中最适合四季应用的是铁铸架,木板面靠背长椅。石板条或钢筋混凝土制的园椅,虽然坚固耐用、朴素大方,但冬天坐在上面,有寒冷之感。园凳形式丰富而灵活,除常见的正规园凳外,还有仿树桩的园凳、园桌和石凳、石桌,结合砌筑假山石蹬道和假山石驳岸放置的平石块。为适应我国园林中游人众多的特点,在桥的两边或一边和花台的边缘,用砖砌成高、宽各为30 cm的边,使它起到护栏的作用。

园椅、园凳的常见形式有直线形、曲线形、组合形和仿生模拟形。园椅、园凳根据不同的位置、性质及其所采用的形式,足以产生各种不同的情趣。组景时主要考虑其与环境的协调。公园绿地的园椅、园凳,宜典雅、亲切,在几何状草坪旁边的园椅、园凳宜精巧规整,森林公园的园椅、园凳以就地取材、富有自然气息的为宜。

园椅、园凳一般设置在安静、景色良好、游人需要停留休息、有特色的地段,如池边、岸沿、岩旁、台前、洞口、林下、花间、草坪或道路转折处等。

4. 栏杆

栏杆在园林中除本身具有一定安全防护、分隔功能外,也是组景中一种重要的装饰构件,起美化作用。坐凳式栏杆还可供游人休息。

(1)栏杆的类型

①高栏。

高栏的高度为 1.5 m 以上,用于园林边界、高低悬殊的地面、动物笼舍、外围墙等,起分隔作用。

②中栏。

中栏的高度为 0.8~1.2 m,用于限制入内的空间、人流拥挤的大门、游乐场等,强调导向,还可用于分区边界及危险处、水边、山崖边。

③低(矮)栏。

低(矮)栏的高度为 0.4 m 以下,用于绿地边。

(2)制作栏杆的材料

石、木、竹、混凝土、铁、钢、不锈钢均可作为制作栏杆的材料,现最常用的是不锈钢与铸铁、铸铝的组合。竹、木栏杆自然、质朴、价廉,但是使用期不长,如有强调这种意境的地方,竹、木要经防腐处理,或者采取"仿真"的办法。混凝土栏杆构件较为拙笨,使用不多,有时作栏杆柱,但无论什么栏杆,总离不了用混凝土作为基础材料。铸铁、铸铝可以做出各种花形构件,美观通透;缺点是易脆,断了不易修复。

(3)栏杆设计要点

栏杆在园林绿地中一般不宜多设,主要设在园林绿地、活动场地边缘及危险环境旁,如水池、陡峭的山道旁、悬崖旁。设计者应根据功能需要选择高度,根据环境特点选择栏杆材料,设计栏杆纹样,确定色彩。

总之,栏杆在设置时应当把防护、分隔的作用巧妙地与美化装饰结合起来,特别应注意其与园林整体风格及环境的协调,包括尺度、纹样、色彩等。

5. 园门与园窗

(1)园门

园门是指园林景墙上开设的门洞,也称景门。园门有指示导游和点景装饰的作用,它能给游人最初的印象。这个印象往往在一定程度上影响着人们对整个园林的感受,一个好的园门往往给人"引人入胜""别有洞天"的感受。

园门形态各异,有圆、六角、八角、横长、直长、海棠、桃、瓶等形状。在分隔景区的院墙上设置的园门常为简洁且直径较大的圆洞门或八角形洞门,便于人流通行;在廊及小庭院等小空间处设置的园门,多采用较小的秋叶瓶、直长等轻巧玲珑的形式,同时门后常置峰石、芭蕉、翠竹等构成优美的园林框景。

(2)园窗

园窗一般有空窗和漏窗两种形式。空窗是指不装窗扇的窗洞,它除能采光外,常作为框景,其后常设置石峰、竹丛、芭蕉等,形成一幅幅绝妙的图画,使游人在游赏中不断获得新的画面感受。空窗还有使空间相互渗透、增加景深的作用。

漏窗可用以分隔景区空间,使空间似隔非隔,使景物若隐若现,起到虚中有实、实中有虚、隔而不断的艺术效果,且漏窗自身有景,惹人喜爱。漏窗窗框形式繁多,有长方形、圆形、六角形、八角形、扇形等。窗框内花式繁简不同,灵活多样,各有妙趣。

6.园墙

园墙在园林绿地中有两种,即景墙与界墙。

(1)景墙

园林内部的墙称为景墙。我国园林空间变化丰富,层次分明,景墙有分隔空间、组织导游、遮蔽视线、装饰美化和衬托景物的作用,是园林空间构图的一个重要因素。景墙的形式有波形墙、白粉墙、花格墙、虎皮石墙等。中国江南古典私家园林多用白粉墙,不仅与屋顶、门窗的色彩有明显对比,而且能衬托山石、竹丛、花木的多姿多彩。

(2)界墙

界墙用于园林边界四周,也称护园围墙。其主要功能是防护,但也有丰富园林景色和装饰的作用,质地应坚固、耐用,形式也要美观,最好采用透空或半透空的花格围墙,使园内外景色互相渗透。

7.雕塑

雕塑主要是指带观赏性的雕塑作品,不同于一般的大型纪念性雕塑,一般以观赏性和装饰性为主。

雕塑是三维空间的艺术,具有强烈的感染力,被广泛应用于园林绿地的各个领域。雕塑小品的题材不拘一格,形体可大可小,刻画的形象可具体、可自然、可抽象,表达的主题可严肃、可浪漫。雕塑的风格形象主要是根据园林造景的性质、环境和条件而定的。

(1)雕塑的类型

按照雕塑的性质不同,雕塑可分为纪念性雕塑、主题性雕塑和装饰性雕塑。按照形象不同,雕塑可分为人物雕塑、动物雕塑、抽象雕塑和场景雕塑等。

(2)雕塑的设置

雕塑一般设在园林主轴线上或风景透视线范围内,也可设在广场、草坪、桥畔、山麓和堤坝旁。雕塑既可孤立设置,又可与水池、喷泉等搭配。雕塑后面密植常绿树丛作为衬托,可突出雕塑形象。雕塑的主题还要与园林意境相统一。雕塑的位置、体量、色彩和质感都要与环境相协调。雕塑的布置要有合理的视线距离和适当的空间尺度。

8.园灯

园灯主要用来照明与装饰。园林内设置园灯的地点很多,如园林的出入口、广场、道旁、桥梁、建筑物、花坛、踏步、平台、雕塑、喷泉、水池等处。园灯的式样很多,可以分为对称式、不对称式、几何式、自然式,都以简洁大方为主。

9.果皮箱

果皮箱是园林绿地中必不可少的园林小品,对保持环境整洁起着重要作用。果皮箱在绿地中分布于各处,从而成为贯穿城市绿地风格的统一要素之一。果皮箱放置的地点和个数应根据绿地游人的动态分布而定。从固定的方式上进行分类,果皮箱一般可分为固定式和独立可移动式两类。其布置形式可根据城市绿地风格的不同采用现代式、自然式等。

五、园林植物种植设计

(一)植物的分类

1. 乔木类

乔木类,树体高大,具有明显主干,树木高 6 m 以上,是园林中的骨干植物,树冠高大。开阔空间多以大乔木作为主体景观,构成空间的骨架。按其高度,乔木可分为伟乔(>30 m)、大乔(20~30 m)、中乔(10~20 m)及小乔(6~10 m)等。此外,依据树木的生长速度,乔木可分为速生树、中速树、慢生树等;按照树叶的特征和形态,乔木还可分为落叶乔木、常绿乔木、针叶乔木、阔叶乔木等。

乔木是园林中的骨干植物,无论在功能上还是艺术处理上都能起主导作用,如界定空间、提供绿荫、防止眩光、调节气候等。多数乔木在色彩、线条、质地和树形方面随叶片的生长与凋落可形成丰富的季节性变化,即使冬季落叶后也可展现出枝干的线条美。

2. 灌木类

灌木类,通常有2种类型:一类树体矮小(<6m)、主干低矮;另一类树体矮小,无明显主干,茎干自地面生出多数,呈丛生状,又称丛木类,如绣线菊、溲疏、千头柏等。灌木一般是植物景观设计的前景和配景。

灌木主要作为下木、植篱或基础种植。灌木能提供亲切的空间,屏蔽不良景观,也能作为乔木和草坪之间的过渡,还对控制风速、噪声、眩光、辐射热、土壤侵蚀等有很大的作用。灌木的线条、色彩、质地、形状和花是主要的视觉特征。花灌木的观赏价值最高、用途最广,多用于重点美化地区。

3. 藤本植物

藤本植物的地上部分不能直立生长,须攀附于其他支持物向上生长,具有蔓生性、攀缘性及耐阴性强的特点。藤本植物依茎质地的不同,可分为木质藤本(葡萄、紫藤等)、草质藤本(牵牛花、长豇豆等);按其攀缘方式不同,可分为缠绕类(葛藤、紫藤等)、钩刺类(木香、藤本月季等)、卷须及叶攀类(葡萄、铁线莲等)、吸附类。吸附类藤本植物的吸附器官不一样,如凌霄借助吸附根攀缘,爬山虎借助吸盘攀缘。

藤本植物是立体绿化中的主角。它可以美化无装饰的墙面,并提供季节性的叶色、花、果和光影图案等;功能上还可以提供绿荫、屏蔽视线、净化空气、减少眩光和辐射热,并能防止水土流失等。

4. 竹类

竹类为禾本科的常绿乔木或灌木。竹类形体优美,叶片潇洒,其观赏价值包括自然美、色彩美、意境美、造型美等,此外,竹还有较高的经济价值。园林中常用的竹有刚竹、金竹、紫竹、黄金间碧玉竹、佛肚竹、箬竹等。

竹类大者可高 30 m,用于营造经济林或创造优美的空间环境;小者可盆栽观赏或作为地被植物,也可用作绿篱。植物配置中,竹可成片、成丛或独立成景,也可与景石相配成为园林景观。它是一种观赏价值和经济价值都极高的植物类群。

5. 园林花卉

(1)一年生花卉

一年生花卉,是指从播种到开花、结实,之后枯死,完成其生命周期的期健在 12 个月以内的草本花卉,如百日草、孔雀草等。

(2)二年生花卉

二年生花卉,是指播种到开花结实的时间,需 12 个月以上,但在 24 个月之内结束其生命而枯死的草本花卉。有些花卉的幼年期很长,需生长相当长时间,然后遇到低温才能抽薹开花,如毛地黄、美国石竹、风铃草等。花卉的种植,可以形成色彩艳丽、季相变化丰富的景观。

(3)宿根花卉

宿根花卉,是指在开花之后,植株仍存活,有些地上部分枯死,但地下部继续长期存活,每年定期生长开花的草本花卉,如香石竹、菊花、非洲菊、宿根满天星等。

(4)球根花卉

球根花卉,是指根部呈球状,或者具有膨大地下茎的多年生草本花卉。球根花卉偶尔也包含少数地上茎或叶发生变态膨大者。球根花卉广泛分布于世界各地,供栽培观赏的有数百种,大多属单子叶植物,如水仙花、郁金香、朱顶红、风信子、文殊兰、百子莲等。球根花卉的运用可以达到生态、美观的效果。这类花卉多数花形较大、花色艳丽,除可布置花境或与一、二年生花卉搭配种植外,还可供切花用。

6. 地被植物

(1)一、二年生草本

一、二年生草本花色鲜艳,在地被植物中占绝对优势,可大片群植,如二月兰、三色堇、矮牵牛等。

(2)多年生草本

多年生草本生长低矮,有宿根性,可以粗放管理,开花快,在地被植物中占很重要的地位,如葱兰、麦冬、鸢尾类、茅草、狼尾草等。

(3)蕨类植物

蕨类植物是泥盆纪时期的低地生长木生植物的总称,靠孢子繁衍后代,有着顽强且旺盛的生命力,遍布于全世界温带和热带。蕨类植物耐阴,喜湿润环境,如铁线蕨、肾蕨、凤尾蕨等。

(4)低矮木本植物

低矮木本植物植株低矮,分枝多且枝叶平展,叶形、叶色丰富,易修剪造型,如金叶女贞、紫叶小檗、沙地柏、矮生苟子、铺地柏等。

地被植物多用于林下空间,与乔、灌结合构成群落结构,形成丰富的园林层次。

7. 草坪

(1)冷季型草坪植物

冷季型草坪植物适宜的生长温度为 15～25 ℃,气温高于 30 ℃时,生长缓慢,耐寒性较强,春、秋两季生长旺盛,在炎热的夏季,则进入了生长不适阶段,此时若管理不善则易发生问题。冷季型草坪植物主要包括紫羊茅、剪股颖、草地早熟禾、黑麦草等。

(2)暖季型草坪植物

暖季型草坪植物最适合的生长温度为 20～30 ℃,在－5～42 ℃范围内能安全存活,在夏季或温暖地区生长旺盛,主要分布于长江以南以及以北部分地区,如河南、重庆、四川等地,草种包括日本结缕草、中华结缕草、马尼拉草、天鹅绒草、狗牙根、天堂草、假俭草等。

　　草坪在园林植物中,属于植株最小、质感最细的一类。用草坪植物建立的活动空间,是园林中最具有吸引力的活动场所,它既清洁又优雅,既平坦又广阔,游人可在其上散步、休息、娱乐等。草坪还有助于减少地表径流、降低辐射热和眩光、防止尘土飞扬、柔化生硬的人工地面。草坪是所有园林植物中生长持续时间最长且养护费用最大的一种,因此,在用地和草种选择上必须考虑适地适草和便于管理养护。

(二)植物的功能与作用

1. 生态功能

(1)影响空气质量

　　植物能够净化空气,是固碳、降低空气中的二氧化碳浓度、补充氧气的消耗、维持碳氧平衡的主要途径;还能吸收有害气体,减少空气污染;可以阻隔放射性物质和辐射的传播,还可以起到过滤和吸收的作用;植物具有很强的吸滞尘埃的能力,并能分泌可杀灭细菌、病毒、真菌的挥发性物质,起杀菌的作用。因此,植物可以提高、改善空气质量,美化环境。

(2)涵养水源与水土保持

　　植物可增加降水和提高湿度,通过叶面水分蒸发作用增加空气湿度,大量群植或片植的树木可以增加局部环境降水;植物有蓄水功能,单株植物的蓄水功能不明显,一旦形成森林,其蓄水功能显著增强;植物有水土保持的功能,雨水降落于林区后,被树冠遮挡并部分截留,减少了对林地的冲击;植物有净化污水的功能,许多植物可以吸收水体中的污染物、杀灭细菌、净化水体,如水生或湿生植物对水体的净化。

(3)调节小气候

　　植物可以调节地区的小气候。在炎热的夏季,植物可以遮阴,避免阳光直射,达到降温的效果;可以通过蒸腾作用增加空气湿度;可以影响风速,一些防风林可以达到降低风速的效果,改变气流,防止沙尘暴;可以增加空气中负氧离子的浓度,达到净化空气的效果。

(4)环境监测与指示

　　植物对环境中的一个因素或几个因素的变化会产生反应,并通过一定的形式表现出来。这些会变化的植物称为指示植物,包括环境污染指示植物、土壤指示植物、气候指示植物、矿物指示植物等。雪松遇到二氧化硫或氟化氢时,针叶发黄、变枯,悬铃木、秋海棠对二氧化碳敏感,月季、苹果、油松、杜仲对二氧化硫敏感。掌握了不同植物发出的各种信号,我们可以有效地对空气、土壤、水等进行辅助监测、预警环境污染。

2. 建造功能

(1)构成空间

　　空间,是指由地平面、垂直面以及顶平面单独或共同组合成的,具有实在的或暗示性的范围围合。植物可构成空间中的任一平面,设计时应明确设计的目的和空间性质,选取和组织植物的种类、高度。空间包括开敞空间、半开敞空间、覆盖空间、完全封闭空间、垂直空间等,如图5-15至图5-19所示。

　　开敞空间仅用低矮灌木(<1.5 m)及地被植物作为空间的限制因素。这种空间四周开敞,无私密性,视野开阔。

　　半开敞空间的一面或多面受较高植物(≥1.5 m)的封闭,限制了视线的穿越。这种空间适合一面需要隐秘性,另一侧需要景观的环境。

　　覆盖空间利用浓密树冠的遮阴树,构成上顶覆盖、四周开敞的空间。这类空间较凉爽,视线通透,夏季浓荫匝地,冬季明亮宽敞,可作为休息空间使用。此外,道路两旁行道树交冠遮阴,也可形成道路上的覆盖

图 5-15   开敞空间

图 5-16   半开敞空间

图 5-17   覆盖空间

空间,这种空间能增强道路直线前进的运动感。

完全封闭空间的四周均被中、小植物封闭。这种空间常见于森林中,光线幽暗,无方向感,具有隐蔽性和隔离感,适合私密性的小型集会活动。

垂直空间是运用高且细的植物构成的一个方向直立、朝天开敞的室外空间。垂直感的强弱,取决于四周开敞的程度。这种空间令人翘首仰望,可以将视线导向空中。

总而言之,园林设计师可以将植物作为空间的限制因素,建造不同的空间(缩小或扩大空间),形成欲扬先抑的空间变化,创造出丰富多彩的空间序列。

(2)障景

植物如直立的屏障,能控制人们的视线,让人们将美景收入眼中,或将俗物屏隔。障景的效果依植物而定:若使用不通透植物,则成障景;若使用通透的植物,则有漏景的效果;若植物围成一个稍大的图形,则形成框景的效果。为了达到不同的效果,设计师必须分析观察者的位置、被障物的高度以及距离等,有目的地

图 5-18   完全封闭空间

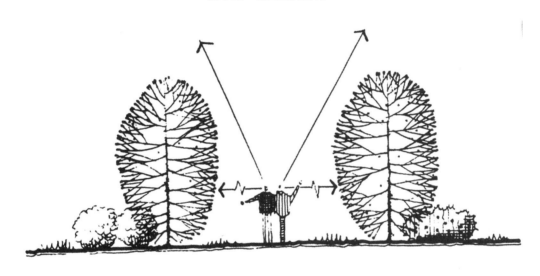

图 5-19   垂直空间

使用不同的植物。

（3）控制私密性

植物还有与障景功能大致相似的作用,即控制私密性。控制私密性就是利用阻挡人们视线的植物,进行对明确的所限区域的围合。控制私密性的目的,就是将空间与其环境完全隔离开(见图5-20)。控制私密性与障景的区别,在于前者围合并分割一个独立的空间,从而封闭了所有出入空间的视线。障景则是慎重种植植物屏障,有选择地屏障视线。私密空间杜绝任何在封闭空间内的自由穿行,障景允许在植物屏障内自由穿行。在进行私密场所或居民住宅的设计时,设计者往往要考虑到控制私密性。

植物具有屏蔽视线的作用,因此,控制私密性的程度,将直接受植物的影响。如果植物的高度高于 2 m,则空间的私密感最强。齐胸高的植物能提供部分私密性(当人坐于地上时,则具有完全的私密感)。齐腰的植物是不能提供私密性的,即使有也是微乎其微的。

3. 观赏功能

（1）植物的大小

植物最重要的观赏特性之一,就是它的大小。植物的大小直接影响空间范围、结构关系以及设计的构

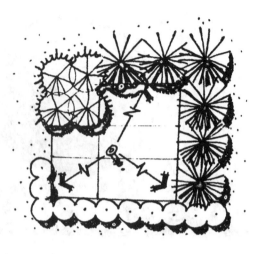

图 5-20　障景与控制私密性

思和布局。植物的大小可以分为三类。

①乔木。

从大小以及景观中的结构和空间来看,最重要的植物便是大、中型乔木。乔木构成了主体景观,成为环境的基本骨架。另外,大、中型乔木位于较小植物之中时,也具有突出的地位,可以成为视线的焦点。植物配置流程:首先确定大、中乔木的位置,大乔木形成空间的结构、特性,增加植物层次,形成主景;其次确定大、中乔木的树种,大乔木用常绿树,中、小乔木可适当用落叶树,反之,大乔木用落叶树,则中、小乔木用常绿树,在景观上尽量形成互补;最后,确定中、小乔木的位置、树种。大乔木随着时间的增长,常超越设计范围和抑制周围低矮植物的生长,在小庭院设计中应慎重使用。

②灌木。

灌木无明显主干,枝叶密集。灌木的高度高于视线,就可以构成视觉屏障。在植物配置中,灌木作为前景或背景,起烘托、陪衬的作用。高大的灌木常密植或修剪成树墙、绿篱,进行空间的围合或作为主体雕塑的背景。当然,若灌木的花色、叶色、姿态突出,也可作为主景,成为焦点景观,如红枫、叶子花、鸡蛋花等植物。

③地被植物。

高度为 30 cm 以下的植物都属于地被植物,由于接近地面,对视线没有阻隔,所以地被植物在立面上的影响有限,但是在平面上,地被植物具有装饰的效果,作为前景或暗示空间的变化,具有很高的观赏价值和引导空间的作用。

（2）植物的形态

植物的形态指单株植物的外部轮廓,其观赏特性不如植物的大小特征明显,但在植物构图和布局上,影响着变化、统一、多样性的效果。常见的植物形态包括纺锤形、圆锥形、圆球形、垂枝形、水平展开形、特殊形等。

①纺锤形。

纺锤形植物细、窄、长,顶部尖细,引导视线向上,能突出空中的垂直面,可以为一个植物群和空间提供一种垂直感和高度感,如塔柏、杨树、池杉、水杉等。

②圆锥形。

圆锥形植物的外观呈圆锥体,从底部逐渐向上收缩,最后在顶部形成尖头,总体轮廓分明。该类植物可以作为视觉景观的重点,特别是与低矮的圆球形植物配置在一起时,对比非常明显,如雪松、云杉、冷杉等。

③圆球形。

圆球形植物具有明显的圆环或球体,在引导视线方面无方向性,也无倾向性。在构图中使用圆球形植物,可协调外形强烈的形体,形成统一的园林效果。圆球形植物包括榕树、鸡爪槭、丁香、五角枫等。

④垂枝形。

垂枝形植物具有明显的悬垂或下弯的枝条,可以将视线引向地面。垂枝形植物宜种植在水池边、溪流边、种植池的边沿或地面的高处,以展示植株枝条下垂的优美造型。常见的垂枝形植物有垂柳、龙爪槐、垂枝樱花、垂枝海棠等。

⑤水平展开形。

水平展开形植物具有朝水平方向生长的习性,宽和高几乎相等,会引导视线沿水平方向移动,使设计构图产生一种宽阔感和外延感。常见的水平展开形植物有铺地柏、平枝枸子等。

⑥特殊形。

特殊形植物有奇特的造型,其形状千姿百态,具有不规则形态,多瘤节,常呈歪扭式或螺旋式。由于形态特殊,特殊形植物最好作为孤植树,放在突出的位置上,形成独特的园林景观。

(3)植物的色彩

在植物的观赏特性中,最引人注目的是植物的色彩。植物的色彩直接影响一个室外空间的气氛和游人的情感。鲜艳的色彩带来轻快、欢乐的气氛,同时给人一种远离的感觉;深暗的色彩带来一种沉稳的气氛,有趋向观赏者的感觉。植物的色彩通过树叶、花朵、果实、大小枝条以及树皮表现出来。植物大多是绿色的,但自然界中也有着深浅明暗、千变万化的各种绿色,即使是同一种绿色植物,其颜色也会随着生长、季节、光线的改变而变化。垂柳初发叶时为黄绿色,后变为淡绿色、夏季为浓绿色;春季,银杏和乌桕的叶子为绿色,到了秋季,银杏的叶子变为黄色,而乌桕的叶子变为红色;鸡爪槭的叶子在春天先红后绿,到秋季又变为红色。

在植物景观设计中,设计者应以中间的绿色为主基调,春天的花色、秋天的叶色则可以成为强调色,使园林景观在一年四季都有变化,并在某个季节形成具有强烈吸引力的特色景观。

(4)树叶的类型

树叶的特性包括树叶的形状和在时间上的持续性。树叶的基本类型有三种:落叶型、针叶常绿型、阔叶常绿型。

①落叶型。

落叶型植物在秋天落叶,在春天再生新叶,季相变化非常明显。落叶型植物的叶子在落叶前一般会有色彩的变化,新叶生长期叶色也会有一定的变化,所以该类植物景观季相变化丰富,易成为主调植物,作为主景。同时,落叶植物的枝条,在冬季凋零光秃时,呈现独特的冬态特征,具有沧桑之美。

②针叶常绿型。

针叶常绿型植物的树叶类型是针叶,常年不落,其色彩比所有种类的植物深,显得端庄厚重,在布局中常用以表现厚重、沉稳的视觉特征。植物配置时尽量群植,不宜太过分散,以免布局混乱。同时,针叶常绿型植物的叶密度大,可以屏障视线、阻止空气流动,因此常用作隔离带、背景林。

③阔叶常绿型。

阔叶常绿型植物的叶形与落叶植物相似,但叶片终年不落,布局在向阳处显得轻快而通透,植于阴影处则具有阴暗、凝重的效果。阔叶常绿型植物既不能抵抗炽热的阳光,也不能抵御极度的寒冷,因此,切忌将其种植在夏季阳光照射过多的地方,或种植在易遭冬季寒风吹打之处。

(5)植物的质地

植物的质地,是指单株植物或群体植物直观的粗糙感和光滑感。植物的质地受植物叶片的大小、枝条

的长短、树皮的外形、植物的综合生长习性以及观赏植物的距离等因素影响。植物的质地分为粗壮型、中粗型及细质型。

①粗壮型。

粗壮型植物通常有大叶片、浓密而粗壮的枝干、松散的树形。粗壮型植物的观赏价值高、给人强壮、坚固、刚健之感，可以在设计中作为焦点，以吸收观赏者的注意力。同时，粗壮型植物趋向赏景者，会缩小空间，在小范围的空间设计时尽量少用。常见的粗壮型植物有火炬树、广玉兰、大叶榕、臭椿、刺桐等。

②中粗型。

中粗型植物是指那些具有中等大小叶片、枝干，以及具有适度密度的植物，通常大多数植物属于此类型。在植物景观设计时，中粗型植物与细质型植物的搭配，是设计的基本结构。中粗型植物也是粗壮型、细质型植物之间的过渡部分。

③细质型。

细质型植物长有许多小叶片和细小、脆弱的小枝，具有齐整、密集的特性，柔软纤细，在风景中不显眼，有一种"远离"观赏者、扩大空间的感觉。细质型植物的轮廓清晰，外观文雅密实，宜作为背景，以展示整齐、清晰、规则的特殊氛围。常见的细质型植物有鸡爪槭、珍珠梅、文竹、石竹、金鸡菊等。

4. 生产功能

很多园林植物具有生产丰富物质、创造经济价值的作用。园林植物的全株或是一部分，如叶、根、茎、花、果、种子以及其所分泌的乳胶、汁液等，许多是可以入药、食用或是用作工业原料的。因此，有时在园林建设中，设计者可以结合园林植物的生产功能，为游人提供采摘等多种娱乐服务，增加经济收入。

（三）植物种植设计

1. 孤植

园林中的优型树单独栽植时称为孤植。孤植的树木称为孤植树。广义来说，孤植树并不等于只种一株树。有时为了构图需要，增强繁茂、茏葱、雄伟的感觉，常用两株或三株同一品种的树木，紧密地种于一处，形成一个单元，给人们的感觉宛如一株多杆丛生的大树。这样的树，也被称为孤植树。

孤植树主要是欣赏植物姿态美，植株挺拔、繁茂、雄伟、壮观，以充分反映自然界个体植株生长发育的景观。孤植树应选择植株形体美而大、枝叶茂密、树冠开阔、树干挺拔、具有特殊观赏价值的树木。孤植树要健壮、寿命长、能经受重大自然灾害，宜多选取当地乡土树种中久经考验的高大树种。孤植树应不含毒素、不带污染、花果不易脱落且病虫害少。

孤植树布置的地点要比较开阔，要保证树冠有足够的生长空间，要有比较合适的观赏视距和观赏点，使人有足够的活动地和适宜的欣赏位置。最好有天空、水面、草地等色彩单纯的景物作为背景，以衬托、突出树木的形体美、姿态美。孤植树常布置在大草地一端、河边、湖畔或布局在可透视辽阔远景的高地上和山冈上。孤植树也可布置在自然式园路或河道转折处、假山蹬道口、风景园林局部入口处，引导游人进入另一景区。孤植树还可配置在建筑组成的院落中、小型广场上等。

2. 对植

对植是两株树按一定的轴线关系，相互对称或均衡地种植，分为对称对植和非对称对植。对植的树种可以是相同的树种，也可以是不同的树种。树种不同时，两种树的树形宜相似。对植一般不做主景，主要布置在道路出入口、桥头、建筑出入口等地段，可以起强调的作用。

3. 列植

列植是将乔木、灌木按一定的株行距成排成行地栽种,形成整齐、单一、气势磅礴的景观。它在规则式园林中运用较多,如道路、广场、工矿区、居住区、建筑物前的基础栽植等,常以行道树、绿篱、林带或水边列植形式出现在绿地中。列植宜选用树冠体形比较整齐、枝叶繁茂的树种。株行距的大小,应视树的种类和所需要的郁闭程度而定。大乔木的株行距为5~8 m,中、小乔木的株行距为3~5 m,大灌木的株行距为2~3 m,小灌木的株行距为1~2 m。列植在设计时,要注意处理好与其他因素的矛盾,如周围建筑,地下、地上管线等。植物应适当调整距离,保证设计技术要求的最小距离。现代风景园林中,列植的一种演变形式是树阵式排列,在严格的几何关系和秩序中创造优美景观。

4. 丛植

丛植,是指由多株(两株至十几株不等)树木进行不规则近距离组合种植,具有整体效果的园林树木群体景观。它可以有一个群种,也可由多种树组成。树丛的构图法则:统一中求变化,差异中求调和,一般10~15株,树种不宜超过5种。

两株丛植一般是同一树种,或树形相似的树种,设计时尽量一俯一仰、一大一小,形成呼应、变化和动势,树干自然、栽植紧密,株距小于树冠的直径,创造活泼的景致。

三株丛植最好选同种或外观近似的树种,不等边三角形种植,大小树靠近,中树远离,平面呈不对称均衡,但整体协调。

四株丛植可采用一种或两种树木。布局整体呈不等边三角形或四边形,可用"3+1"的方式,单独一株为第二大的树,其他三株布置与三株丛植相同。如为两种树种,则树量比为3:1,其中一株的树种,不单独种植,体量不宜为最小或最大。

五株丛植可以选用同种树,也可以选用两种树,最好是"2+3"的形式,不宜种植在同一直线上。

5. 群植

群植是指由20~30株同种或异种,乔木或乔、灌木组合成群栽植的种植类型。群植表现的主要为群体美。游人观赏它的层次、外缘、林冠等。树群可分为单纯树群和混交树群两种。单纯树群由一种树木组成,可以用宿根花卉作为地被植物。混交树群是树群的主要形式,分为五个部分:乔木层、亚乔木层、大灌木层、小灌木层及多年生草本。每一层都要显露出来。乔木层选用的树种,树冠的姿态要丰富些,使整个树群的天际线富有变化;亚乔木层选用的树种,最好开花繁茂,或者具有美丽的叶色;灌木层应以花木为主,多年生草本层应以多年生野生性花卉为主。树群下的土面不应暴露。树群组合的基本原则是乔木层在中央,亚乔木层在其四周,大灌木、小灌木层在外缘,这样不致互相遮掩。但其各个方向的断面不能像金字塔那样机械、呆板,树群的某些外缘可以配植一两个树丛及几株孤植树。

6. 林植

成片、成块大量栽植乔、灌木构成林地或森林景观的种植方法称为林植。林植多用于大面积的公园安静休息区、风景游览区、休(疗)养院及卫生防护林带。林植可分为疏林、密林两种。

疏林的郁闭度为0.4~0.6(郁闭度是指森林中乔木树冠遮蔽地面的程度),常与草地相结合,故又称疏林草地。疏林草地是风景区中应用最多的一种形式,也是林区中吸引游人的地方,不论是鸟语花香的春天、浓荫蔽日的夏日,还是晴空万里的秋天,游人总是喜欢在林间草坪上休息、游戏、看书、摄影、野餐、观景。即使在白雪皑皑的严冬,疏林草坪内依然别具风格。所以疏林中的树种应该具有较高的观赏价值,树冠应展

开,树荫要疏朗,生长要强健,花和叶的色彩要丰富,树枝线条要曲折多致,树干要好看,常绿树与落叶树的比例要合适。

密林的郁闭度为 0.7~1,光线比较阴暗,然而在空隙地里透进一丝阳光,加上潮湿的雾气,在能长些花草的地段,也能形成奇特迷离的景色。密林的地面土壤潮湿,地块中植物有特殊性,不宜践踏,故游人不宜入内活动。

思考题

1. 简述地形的类型。
2. 简述地形的功能与作用。
3. 简述地形处理的手法。
4. 简述水体的功能与作用。
5. 简述常见的水景形式及水面分割形式。
6. 简述园路的功能与作用。
7. 简述园林建筑小品的特点与作用。
8. 简述植物的功能与作用。
9. 简述植物种植设计的形式。

Yuanlin Guihua Sheji

第六章
园林规划设计程序

一、设计任务书阶段

设计任务书是以文字说明为主的文件,是项目业主对设计要达到的目的、设计内容、期限等相关内容进行说明的文件。在投标项目中,设计任务书一般比较正式,有具体的设计内容、目标、图纸数量、时间期限等,除提供设计任务书,业主还会安排统一的答疑时间,对投标方的各种问题进行统一解答,以保证投标方了解项目的各种信息。因此,投标项目中,投标方应充分了解设计任务书的各项内容,有针对性地完成设计的各项任务。委托设计项目则不一定有正式的设计任务书,设计人员应充分了解业主的具体要求,如整个项目的概况、建设规模、投资规模、开发周期、时间期限等内容,特别是了解业主对该项目的构想、实施内容、文化取向、偏爱、投资等。这些内容往往是整个规划设计的依据、方向或创意突破口。

二、设计前期准备阶段

设计前期准备阶段的工作包括收集、调查资料,现场勘察,资料分析与整理三个阶段。

(一)收集、调查资料

在甲方的配合下,设计人员需要收集、调查的资料包括自然条件、社会条件、设计相关资料。

1. 自然条件

①气象条件,包括每月最高、最低及平均气温,每月降水量,无霜期、结冰期和融化期,冻土厚度,风力、风向及风向玫瑰图。

②地形条件,即地表起伏状况,包括山的形状、走向、坡度、位置、面积、高度及土石情况,平地、沼泽的状况。

③土壤条件,包括土壤的物理、化学性质,坚实度,通气、透水性,氮、磷、钾的含量,pH值,土层深度等。

④水质条件,包括现有水面及水系的范围,水底标高,河床情况,常水位、最低及最高水位,水流方向,水质及岸线情况,地下水状况。

⑤植被条件,包括现有园林植物、古树、大树的种类、数量、分布、高度、覆盖范围、生长情况、姿态及观赏价值的评定等。

⑥建(构)筑物情况,包括建(构)筑物的位置、高度、门窗位置(朝向、高度)、用途、材料、结构、色彩、风格式样和个性特点等。

⑦管线设施,包括地上和地下管线,如电线、电缆线、通信线、给水管、排水管、煤气管等各种管线。这些管线有在园内过境的,需要了解位置及它们的地上高度、地下深度、走向、长度,每种管线的管径和埋深以及一些技术参数,如高压输电线的电压,园内或园外邻近给水管线的流向、水压和闸门井位置等。

2. 社会条件

①交通条件调查,即调查设计项目所处地理位置与城市交通的关系,游人来源、数量,以便确定项目的服务半径及设施的内容。交通状况包括交通线路、交通工具、停车场、码头、桥梁等状况的调查。

②现有设施调查,如给水排水设施、能源、电源、电信的情况调查,原有建筑物的位置、面积、用途调查,城市文化娱乐体育设施调查。

③工农业生产情况,调查主要调查对项目产生影响的工业或农业,如项目周围是否有工厂,工厂是否有污染,污染的方向、程度等。

④城市历史文脉调查。园林规划设计必须在尊重历史文脉的同时,创造时代精神,才能创造出独具特色的方案。历史文脉不仅是城市悠久历史和灿烂文化的最好见证,也是城市文化个性和传统价值的具体体现;不仅能起到增添城市色彩和魅力的作用,也是创造城市新文化的渊源和基础。历史文脉包括历史文物,如文化古迹种类、历史文献中的遗址等;文化底蕴;居民风俗习惯等。

3. 设计相关资料

城市规划设计相关资料包括上位规划图、地形图、现状图(包括用地红线、坐标、标高、建筑、管线、相关设施、树木等)、环境影响评价报告、水土保持规划、森林资源调查,社会、历史、人文等相关资料。

(二)现场勘察

无论设计项目面积大小,难易程度,设计者都必须到现场进行认真踏勘。一方面,设计者要核对、补充所收集的图纸资料(现状的建筑、树木等情况),水文、地质、地形等自然条件;另一方面,设计者到现场可以根据周围环境条件,进入构思阶段。发现可利用、可借景的景物或影响景观的物体时,设计者要在规划过程中分别加以处理。根据实际情况,如果面积较大、情况较复杂,必要的时候勘察工作要进行多次。设计者勘察现场的同时,要拍摄环境现状照片,摸清实地现状的情况,加深对基地的感性认识,以供进行总体设计时参考。

以上的任务内容繁多。在具体的规划设计中,我们或许只用到其中的一部分工作成果。但是要想获得关键性资料,必须认真细致地对全部内容进行深入、系统的调查、分析和整理。

(三)资料分析与整理

结合设计任务书,把搜集到的上述资料加以整理,从而在规划方针指导下,对收集到的资料进行分析、判断和整理,选择有价值的内容,用图面、表格或图解的方式进行表示,综合判断优劣,因地制宜地做出方案的现状分析图,为下一步的规划方案奠定基础。

三、概念性规划阶段

概念性规划是指介于发展规划和建设规划之间的一种研讨性规划手段,是在理想状态下对土地利用发展进行前瞻性和创造性的构思,内容以结构上、整体上的概要性谋划为主,强调思路的创新性、前瞻性和指导性,确定发展的宏观方向、风格、概念和特色,为总体规划确定指导思想和原则。

概念性规划具有的特点:更具想象空间和创造性思维,更具前瞻性;讲究结构上、整体上的谋划,抓主要矛盾;运用模糊辩证,允许存在偏差;便于规划的科学分工和组织协调;快速灵活,成本低,效率高,便于及时编制、及时修订、及时更新,应用广泛。

概念性规划主要包括的内容:对规划区域的资源和市场进行分析和预测;确定规划区的定位、发展方向和发展战略;明确规划开发的方向、特色和主要内容;提出规划区发展的重点项目,强调策划的创新、个性和特色;提出相关要素发展的原则和方法等,从而在宏观层面上对规划区的发展勾勒理想蓝图。

概念性规划成果:规划文本、区位分析图、市场分析图、现状分析图、概念性规划总平面图、功能分区图、项目布局示意图、道路交通系统规划图、土地利用规划图、重点项目示意图、标志性景观及风格控制示意图等。

四、总体规划设计阶段

总体规划设计由总体规划图纸和总体规划说明书两部分组成。

(一)总体规划图纸

①位置关系图。位置关系图包括原有地形图或测量图,内容包括项目在此区域的位置、范围、交通、和周边环境的关系,可利用的园林景观等。

②现状分析图。设计者应根据分析后的现状资料进行归纳整理,形成若干空间,用圆形或抽象的图形将其概括地表现出来,如将现有出入口、道路、保留植物、人流、景观视线、地形等有利或不利的因素充分表现出来。这些因素将成为总体规划的依据。

③功能分区图。设计者应根据总体规划的原则、目标和任务,分析大众行为活动规律及需要;结合现状环境,确定不同的功能分区,使规划的功能、形式、文化、主题等内容,既形成一个有机的整体,又充分反映各区内部设计因素的关系。

④道路系统图。道路系统图主要确定主要出入口、主次道路、专用道路、小路、广场位置、消防通道、停车场等的位置、宽度和铺装材料(或风格)等。设计者应在图纸上用不同粗细的线表示不同级别的道路、广场、等高线、高程控制点、坡度。

⑤地形设计图。地形设计亦称竖向设计,是保证场地建设与使用的合理、经济、美观,提高土地利用率,优化功能空间,处理规划设计与实施过程中的各种矛盾与问题的设计。地形设计的内容包括地形处理、竖向规划、土方平衡、给排水方向、管道综合等。做好场地的竖向设计,对于降低工程成本、加快建设进度具有重要的意义。

⑥建筑布置图。设计者应根据规划原则,分别画出项目中各主要建筑的布局、位置、主入口、平面图、剖面图、效果图,以表达建筑风格与项目定位、文化概念、环境等是否和谐统一。

⑦植物景观规划图。设计者应确定项目内的植物群落分布,各区的基调树种、骨干树种,确定不同功能区的植物景观效果,确定树种的规格与数量。

⑧景观分区图。设计者应按照景色构成的不同,确定项目各景观区域的特色、定位、季相变化,主、次景点位置,景观轴线、透视线、景观空间、景点的系列变化等相关内容。

⑨工程设施规划图。工程设施规划图包括给水(绿化、景观用水、消防、生活用水等)、排水(雨水、污水)、用电(照明、动力、弱电等)、管线(广播、电讯、煤气等)、护坡、驳岸、挡土墙、围墙、水塔、水工构筑物、变电间、厕所、化粪池等相关设施的规划布置图。

(二)总体规划说明书

①规划主要依据的相关法律、法规与标准、规范;批准的任务书或摘录;所在地的气象、地理、地质概况;风景资源及人文资料;能源、公共设施、交通利用情况等。

②规模和范围:场地规模、面积、区位情况;分期建设情况;设计项目组成;对生态环境、游憩、服务设施的技术分析等内容。

③艺术构思:主题立意、景区布局艺术效果分析、游览线路布置等。

④种植规划概况:立地条件分析、天然植被与人工植被的类型分析、种苗来源的情况。

⑤功能与效益:执行国家法规、政策及有关规定的情况,对城市绿地系统和城市生活影响的预测,对生态、社会、经济效益的评价。

⑥技术、经济指标:用地平衡表;土石方概算、主要材料和能源消耗概算及工程总概算。

⑦需要在审批时决定的问题:与城市规划的协调、拆迁、交通情况;施工条件、季节;投资等内容。

五、初步设计阶段

初步设计的要求如下:应满足编制施工图设计文件的需要;应满足各专业设计的平衡与协调要求;应满足编制工程概算的需要;提供申报有关部门审批的必要文件。设计文件包括以下内容。

(一)设计总说明

设计总说明包括设计依据、设计规范、工程概况、工程特征、设计范围、设计指导思想、设计原则、设计构思或特点、各专业设计说明、在初步设计文件审批时需解决和确定的问题等内容。

(二)总平面图

总平面图的比例一般采用1∶500、1∶1000。总平面图的内容包括基地周围环境情况、工程坐标网、用地范围线的位置、地形设计的大致状况和坡向、保留与新建的建筑和小品的位置、道路与水体的位置、绿化种植的区域、必要的控制尺寸和控制高程等。

(三)道路、地坪、景观小品及园林建筑设计图

道路、地坪、景观小品及园林建筑设计图的比例一般采用1∶50、1∶100、1∶200。道路、地坪、景观小品及园林建筑设计图的内容:①道路、广场的总平面布置图,图中应标注出道路等级、排水坡度等;②道路、广场主要铺面要求和广场、道路断面图;③景观小品及园林建筑的主要平面图、立面图、剖面图等。

(四)种植设计图

种植设计图的内容:①种植平面图,比例一般采用1∶200、1∶500,图中标出应保留的树木及新栽的植物;②主要植物材料表,表中分类列出主要植物的规格、数量,其深度需满足概算需要;③其他图纸,根据设计需要可绘制整体或局部种植立面图、剖面图和效果图。

(五)结构设计文件

结构设计文件的内容:①设计说明书,包括设计依据和对设计内容的说明;②设计图纸,比例一般采用1∶50、1∶100、1∶200,包括结构平面布置图、结构剖面图等。

(六)给水排水设计文件

给水排水设计文件的内容:①设计说明书,包括设计依据、范围的说明、给水设计(水源、用水量、给水系统、浇灌系统等方面的说明)和排水设计(工程周边现有排水条件简介、排水制度和排水出路、排水量、各种管材和接口的选择及敷设方式等方面的说明);②设计图纸,包括给水排水总平面图,图纸比例一般采用1∶300、1∶500、1∶1000;③主要设备表。

(七)电气设计文件

电气设计文件的内容:①设计说明书,包括设计依据、设计范围、供配电系统、照明系统、防雷及接地保护、弱电系统等方面的说明;②设计图纸,包括电气总平面图、配电系统图等;③主要设备表。

六、施工图设计阶段

施工图设计应满足施工、安装及植物种植需要;满足施工材料采购、非标准设备制作和施工的需要。施工图设计文件包括目录、设计说明、设计图纸、施工详图、套用图纸和通用图纸、工程预算书等内容。经设计单位审核和加盖施工图出图章的设计文件才能作为正式设计文件交付使用。园林规划设计师应深入施工现场,一方面解决现场的各类工程问题,另一方面通过现场经验的积累,提高自己施工图设计的能力与水平。

完成局部详细设计后,才能着手进行施工图设计。施工设计图纸的要求如下。

(一)图纸规范

图纸要符合《建筑制图标准》的规定。图纸尺寸:0号图纸的尺寸为 841 mm×1189 mm,1 号图纸的尺寸为 594 mm×841 mm,2 号图纸的尺寸为 420 mm×594 mm,3 号图纸的尺寸为 297 mm×420 mm,4 号图纸的尺寸为 297 mm×210 mm。4 号图纸不得加长。如果要加长图纸,只允许加长图纸的长边,特殊情况下,允许加长 1~3 号图纸的长度、宽度。0 号图纸只能加长长边,加长部分的尺寸应为边长的 1/8 及其倍数。

(二)施工设计平面的坐标网及基点、基线

一般图纸均应明确画出设计项目范围,画出坐标网及基点、基线的位置,作为施工放线的依据。基点、基线的确定应以地形图上的坐标线或现状图上工地的坐标点,现状建筑屋角、墙面,构筑物、道路等为依据。坐标网必须纵横垂直,一般依图面大小每 10m、20m、50m 的距离,基点、基线向上下、左右延伸,形成坐标网。坐标一般用英文字母和阿拉伯数字进行确定。我们可以从基点开始,确定每个方格网交点的坐标,作为施工放线的依据。

(三)施工图纸要求的内容

图纸要注明图头、图例、指北针、比例尺、标题栏及简要的图纸设计内容的说明。图纸要字迹清楚、整齐,不得潦草;图面清晰、整洁,图线要分清粗实线、中实线、细实线、点画线、折断线等,并准确表达对象。

(四)施工放线总图

施工放线总图主要说明各设计因素之间具体的平面关系和准确位置。图纸内容:保留的建筑物、构筑物、树木、地下管线等;设计的地形等高线、标高点、水体、驳岸、山石、建筑物、构筑物、道路、广场、桥梁、涵洞、种植点、园灯、园椅、雕塑等。

(五)地形设计总图

平面图上应标注制高点、山峰、台地、丘陵、缓坡、平地、微地形、丘阜、坞、岛的高程,湖、池、溪流等的岸

边、底部的高程,以及入水口、出水口的标高。此外,平面图上还应标注各区的排水方向,雨水汇集点及各景区园林建筑、广场的具体高程。一般草地的最小坡度为 1%,最大坡度不得超过 33%,最适坡度为 1.5%～10%,人工剪草机修剪的草坪的坡度不应大于 25%。一般绿地缓坡的坡度为 8%～12%。地形设计平面图还应包括地形改造过程中的填方、挖方内容。图纸上应标注项目的挖方、填方数量,说明应进土方或运出土方的数量及挖、填土之间土方调配的运送方向和数量。一般挖、填土方应平衡。除了平面图,设计师还要画出剖面图,注明主要部位山形、丘陵、坡地的轮廓线、高度、平面距离等,注明剖面的起讫点、编号,以便与平面图配套。

(六)水系设计图

除了陆地上的地形设计,水系设计也是十分重要的组成部分。水系设计的平面图应表明水体的平面位置、形状、大小、类型、深浅以及工程设计要求。首先,设计师应完成进水口、溢水口或泄水口的大样图。然后,设计师从项目的总体设计对水系的要求考虑,画出主、次湖面,堤,岛,驳岸的造型,溪流、泉水及水体附属物的平面位置,以及水池循环管道的平面图。纵剖面图要表示出水体驳岸、池底、山石、汀步、堤、岛等工程的做法。

(七)道路、广场设计图

平面图要根据道路系统的总体设计,在施工总图的基础上,画出各种道路、广场、地坪、台阶、盘山道、山路、汀步、道桥等的位置,并注明每段的高程、纵坡、横坡的数字。《公园设计规范》规定,园路分为主路、次路、支路、小路,公园面积小于 10 hm² 时,可只设三级园路。园路的最小宽度为 0.9 m,主路的宽度一般为 5 m,支路的宽度一般为 2～3 m。主路、次路的纵坡坡度宜小于 8%。山地公园的主路、次路的纵坡坡度应小于 12%。支路和小路的纵坡坡度宜小于 18%。纵坡坡度超过 15%的路段,路面应做防滑处理;纵坡坡度超过 18%的路段,路面宜设计为梯道。自行车专用道的纵坡坡度宜小于 2.5%。

除了完成平面图,设计师还要用 1∶20 的比例尺绘出剖面图,主要表示各种路面、山路、台阶的宽度及其材料,道路的结构层(面层、垫层、基层等)的厚度及做法。每个剖面都要编号,并与平面图配套。

(八)园林建筑设计图

园林建筑设计图包括建筑的平面设计图(反映建筑的平面位置、朝向、与周围环境的关系)、建筑底层平面图、建筑各方向的剖面图、屋顶平面图、必要的大样图、建筑结构图等。

(九)植物配置图

①植物种植平面图。植物种植平面图是根据树木种植设计,在施工总平面图的基础上,用设计图例绘常绿阔叶乔木、落叶阔叶乔木、落叶针叶乔木、常绿针叶乔木、落叶灌木、常绿灌木、整形绿篱、自然形绿篱、花卉、草地等的具体位置、种类、数量、种植方式、株行距等的平面图。同一幅图中树冠的表示不宜变化太多,花卉绿篱的图示也应简明统一,针叶树可重点突出,保留的现状树与新栽的树应加以区别。复层绿化时,设计师应用细线画大乔木树冠,用粗一些的线画冠下的花卉、树丛、花台等。树冠的尺寸应以成年树为标准:大乔木为 5～6 m,孤植树为 7～8 m,小乔木为 3～5 m,花灌木为 1～2 m。绿篱宽应为 0.5～1 m。树种、数量可在树冠上注明。如果图纸的比例尺小,不易注字,也可用编号的形式在图纸上标明编号树种、数量对照表。成行树要注明每两株树的距离。

②大样图。对于重点树群、树丛、林缘、绿篱、花坛、花卉及专类园等,设计师可附种植大样图,取 1∶100

的比例尺。设计师要将群植和丛植的各种树的位置画准,注明种类、数量,用细实线画出坐标网,注明树木间距,并画出剖面图,以便施工人员参考。

植物配置图的比例尺一般为1∶500、1∶300、1∶200,根据具体情况而定。大样图可用1∶100的比例尺,以便准确地表示出重点景点的设计内容。

(十)假山及园林小品

假山及园林小品,如园林雕塑等也是园林造景中的重要元素。设计师最好将其做成山石施工模型或雕塑小样,便于施工过程中能较理想地体现设计意图。设计师要提出设计意图、高度、体量、造型构思、色彩等内容,以便与其他工种配合。

(十一)管线及电气设计图

设计师应在管线规划图的基础上,标明给水(造景、绿化、生活、卫生、消防用水)、排水(雨水、污水)、暖气、煤气等管线,应按市政设计部门的具体规定和要求正规出图,注明每段管线的长度、管径、高程及如何接头,同时注明管线及各种井的具体的位置、坐标。

同样,设计师应在电气规划图上标明各种电气设备的位置、(绿化)灯具的位置、变电室的位置及电缆走向等。

七、建设概算

建设概算是对项目建筑造价的初步估算。它是根据总体设计所包括的建设项目、有关定额和甲方投资的控制数字,估算出所需要的费用,确定金额余缺。

建设概算的估算方式有两种:一种是根据总体设计的内容,按总面积的大小凭经验粗估;另一种方式是按工程项目和工程量分项概算,最后汇总。

现以工程项目概算为例说明概算的方法。

(一)土建工程项目

土建工程项目包括以下内容:

①建筑及服务设施,如门房、动植物展览馆、园林别墅、塔、亭、榭、楼、阁、舫及附属建筑;

②娱乐体育设施,如娱乐场、射击场、跑马场、旱冰场、游船码头等;

③道路交通,如路、桥、广场等;

④水、电、通信,如给水、排水管线,电力、电信设施等;

⑤水景、山景工程,如积土成山、挖地成池、水体改造、音乐喷泉、水下彩色灯等;

⑥园林设施,如椅、灯、栏杆等;

⑦其他,如新建项目征地用、挡土墙、管理区改造等。

(二)绿化工程项目

绿化工程项目包括营造、改造风景林;重点景区、景点绿化;观赏植物引种栽培;观赏经济林工程等。子项目有乔木、花灌木、花卉、草地、地被等。

概算要求列表计算出每个项目的数量、单价和总价。单价由人工费、材料费、机械设施费用和运输费用等组成。规模不大的项目,可以只用一种概算表,如表 6-1 所示。

表 6-1　工程概算表

工程项目	数量	单位	单价	合计	备注

对于规模较大的项目,概算可用工程概算表和苗木概算表两种表格。苗木概算表如表 6-2 所示。

表 6-2　苗木概算表

品种	规格	苗源	数量	单价	合计	备注

表中的品种指植物种类。规格指苗木大小:落叶乔木以胸径计;常绿树、花灌木以高度计。苗源指苗木来源或出圃地点。单价包括苗木费、起苗费和包装费。苗木具体价格依所在地的情况而定。

苗木概算表与工程概算表的格式相同,只是工程项目中的苗木部分分两部分列出,即分别列出苗木费和施工费。苗木费直接用表 6-2 中计算的费用。施工费按苗木数量计算,包括工时费、材料费、机械费用和运输费用。施工费应根据各地植树工程定额进行计算。工程概算费与苗木概算费合计即为总工程造价的概算直接费。

建设概算除上述合计费用之外,尚包括间接费、不可预见费(按直接费的百分数取值)和设计费等。

总体设计完成后,由建设单位报有关部门审核批准。

≫◉ ‖思考题‖ ......

1.简述园林规划设计的程序。

2.简述收集、调查资料阶段包含哪些资料的收集与分析。

3.简述总体规划设计阶段和初步设计阶段的内容。

4.简述施工图设计阶段和建设概算的内容。

Yuanlin Guihua Sheji

第七章
城市公园绿地设计

一、城市公园绿地概述

(一)城市公园的来源

世界造园的历史,可追溯到 3000 年以前。从模仿"天国乐土"的四分园、伊甸园到中国古典园林的"一池三山";从再现柏拉图理式的法国规则园林到模拟自然景致的英国风景园林;从气势恢宏的中国皇家园林到曲径通幽的江南私家园林,园林都是统治阶级享有的特权,但这并未阻碍大众对园林的向往与追求。早在古希腊、古罗马的城市中,公众的户外观赏游乐常常利用集市、墓园等城市开放空间:古希腊人在体育场周围设置了带有绿化的区域,并向公众开放;古罗马帝国的一些城市中的广场或墓园允许平民进行游憩活动。可以说早期的集市、广场、墓园和体育场已经具备了现代公园的雏形和某些特征。古代中国也有可供普通百姓游览的公共园林空间,我国第一个真正意义上的城市公共园林空间是唐代杭州的西湖。白居易在任杭州刺史期间,主持筑堤保湖、蓄水灌溉,同时大量植树造林,修造亭、阁,逐渐形成了具有公共性质的城市空间。今天杭州也因此成为"绕郭荷花三十里,拂城松树一千株"的著名旅游城市。追本溯源,古代的这些城市公共空间是城市公园产生的基础,城市公园由此逐步演进。

(二)我国城市公园的分类

公园绿地是组成城市绿地系统的一个重要类型,这类绿地向公众开放、以游憩为主要功能,同时兼具生态、景观、文教和应急避险等功能,有一定的游憩设施和服务设施。公园绿地分为四个类型:综合公园、社区公园、专类公园、游园。

1. 综合公园(G11)

综合公园是内容丰富,适合开展各类户外活动,具有完善的游憩和配套管理服务设施的绿地。综合公园的规模宜大于 10 hm²,如武汉中山公园、北京紫竹院公园、南京玄武湖公园等。

2. 社区公园(G12)

社区公园是用地独立,具有基本的游憩和服务设施,主要为一定社区范围内居民就近开展日常休闲活动服务的绿地。综合公园的规模宜大于 1 hm²,如武汉紫阳公园、上海徐家汇公园等。

3. 专类公园(G13)

专类公园是具有特定内容或形式,有相应的游憩和服务设施的绿地。这类公园的内容特色多种多样。《城市绿地分类标准》将专类公园分为动物园(G131)、植物园(G132)、历史名园(G133)、遗址公园(G134)、游乐公园(G135)、其他专类公园(G136)。

(1)动物园

动物园是指在人工饲养条件下,移地保护野生动物,进行动物饲养、繁殖等科学研究,并提供科普、观赏、游憩等活动,具有良好设施和解说标识系统的绿地,如武汉动物园、北京动物园等。

(2)植物园

植物园是指进行植物科学研究、引种驯化、植物保护,并提供观赏、游憩及科普等活动,具有良好设施和解说标识系统的绿地,如武汉植物园、杭州植物园等。

（3）历史名园

历史名园是指体现一定历史时期代表性的造园艺术，需要特别保护的园林，如上海豫园、苏州拙政园等。

（4）遗址公园

遗址公园是指以重要遗址及其背景环境为主形成的，在遗址保护和展示等方面具有示范意义，并具有文化、游憩等功能的绿地，如北京元大都城垣遗址公园、西安大明宫国家遗址公园等。

（5）游乐公园

游乐公园是指单独设置，具有大型游乐设施，生态环境较好的绿地，其绿化占地比例应大于或等于65%，如北京欢乐谷、上海迪士尼乐园。

（6）其他专类公园

其他专类公园是指除以上各种专类公园外，具有特定主题内容的绿地，主要包括儿童公园、体育健身公园、滨水公园、纪念性公园、雕塑公园、位于城市建设用地内的风景名胜公园、城市湿地公园和森林公园等，其绿化占地比例宜大于或等于65%，如武汉藏龙岛湿地公园、北京奥林匹克公园等。

4. 游园（G14）

游园是指除以上各种公园绿地以外，用地独立，规模较小或形状多样，方便居民就近进入，具有一定游憩功能的绿地，绿化占地比例应大于或等于65%。其中带状游园的宽度宜大于12 m。

（三）公园的用地比例

公园用地面积一般包括陆地面积和水体面积，其中陆地面积应分别计算绿化用地、管理建筑用地、游憩建筑和服务建筑用地、园路及铺装场地用地的面积及比例，如表7-1所示。不同类型的公园的用地面积及用地比例各有不同。

表7-1　公园用地比例

陆地面积 A_1 /hm²	用地类型	公园类型					
		综合公园	专类公园			社区公园	游园
			动物园	植物园	其他专类公园		
$A_1 < 2$	绿化	—	—	>65	>65	>65	>65
	管理建筑	—	—	<1.0	<1.0	<0.5	—
	游憩建筑和服务建筑	—	—	<7.0	<5.0	<2.5	<1.0
	园路及铺装场地	—	—	15~25	15~25	15~30	15~30
$2 \leq A_1 < 5$	绿化	—	>65	>70	>65	>65	>65
	管理建筑	—	<2.0	<1.0	<1.0	<0.5	<0.5
	游憩建筑和服务建筑	—	<12.0	<7.0	<5.0	<2.5	<1.0
	园路及铺装场地	—	10~20	10~20	10~25	15~30	15~30
$5 \leq A_1 < 10$	绿化	>65	>65	>70	>65	>70	>70
	管理建筑	<1.5	<1.0	<1.0	<1.0	<0.5	<0.3
	游憩建筑和服务建筑	<5.5	<14.0	<5.0	<4.0	<2.0	<1.3
	园路及铺装场地	10~25	10~20	10~20	10~25	10~25	10~25

陆地面积 A_1 /hm²	用地类型	公园类型					
		综合公园	专类公园			社区公园	游园
			动物园	植物园	其他专类公园		
10≤A_1<20	绿化	>70	>65	>75	>70	>70	—
	管理建筑	<1.5	<1.0	<1.0	<0.5	<0.5	
	游憩建筑和服务建筑	<4.5	<14.0	<4.0	<3.5	<1.5	
	园路及铺装场地	10～25	10～20	10～20	10～20	10～25	
20≤A_1<50	绿化	>70	>65	>75	>70	—	—
	管理建筑	<1.0	<1.5	0.5	<0.5		
	游憩建筑和服务建筑	<4.0	<12.5	<3.5	<2.5		
	园路及铺装场地	10～22	10～20	10～20	10～20		
50≤A_1<100	绿化	>75	>70	>80	>75	—	—
	管理建筑	<1.0	<1.5	<0.5	<0.5		
	游憩建筑和服务建筑	<3.0	<11.5	<2.5	<1.5		
	园路及铺装场地	8～18	5～15	5～15	8～18		
100≤A_1<300	绿化	>80	>70	>80	>75	—	—
	管理建筑	<0.5	<1.0	<0.5	<0.5		
	游憩建筑和服务建筑	<2.0	<10.0	<2.5	<1.5		
	园路及铺装场地	5～18	5～15	5～15	5～15		
A_1≥300	绿化	>80	>75	>80	>80	—	—
	管理建筑	<0.5	<1.0	<0.5	<0.5		
	游憩建筑和服务建筑	<1.0	<9.0	<2.0	<1.0		
	园路及铺装场地	5～15	5～15	5～15	5～15		

注："—"表示不做规定；上表中管理建筑、游憩建筑和服务建筑的用地比例是指其建筑占地面积的比例。

(四)公园游人容量计算

公园游人容量也称容人量,是指公园在游览旺季(如节假日)游人数量达到高峰期每小时的在园人数。游人容量是计算公园设施的规模、数量以及进行公园管理的重要依据,在规划设计时必须确定。

公园游人容量按下式计算:

$$C = (A_1/A_{m1}) + C_1$$

式中:C——公园游人容量,人;

A_1——公园陆地面积,m²;

A_{m1}——人均占有公园陆地面积,m²/人;

C_1——公园开展水上活动的水域游人容量,人。

人均占有公园陆地面积应符合规定,如表7-2所示。

表7-2　公园游人人均占有公园陆地面积指标

单位:m²/人

公园类型	人均占有陆地面积
综合公园	30～60
专类公园	20～30
社区公园	20～30
游园	30～60

注:人均占有公园陆地面积指标的上下限取值应根据公园区位、周边地区人口密度等实际情况确定。

公园有开展游憩活动的水域时,水域游人容量宜按150～250 m²/人进行计算。

二、综合公园规划设计

(一)综合公园功能分区及景区划分

1. 功能分区

公园中不同的活动需要不同性质的空间承载。由于活动性质的不同,这些功能空间应相对独立,同时能相互联系。这些不同功能空间之间的界定就是功能分区。为了避免各种活动的交叉干扰,在综合公园的规划设计中应有较明确的功能划分。根据各项活动和内容,综合公园一般分为以下几个功能区:出入口区、安静休息区、运动健身区、娱乐活动区、主题游赏区、园务管理区等。

(1)出入口区

公园出入口的选择和处理是公园总体设计中的一项主要工作。它不仅影响游人是否能方便地前来游览,影响城市街道的交通组织,而且在很大程度上影响公园内部的规划和分区。

公园出入口一般分主要、次要和专用三种。主要出入口是全园大多数游人出入的地方,有以下要求:面对游人主要来向,直接联系城市干道;尽量减少外界交通的干扰,避免设置在几条主要街道的交叉口上;应配合公园内用地情况,配合公园的游人容量和交通的需要设置游人集散广场,使出入口有足够的人流集散用地,并能方便地连接园内道路,直接或间接地通向公园中心区。次要出入口主要为方便附近居民或为了公园某一个局部而设,也应有集散广场。专用出入口主要是为园务管理而设,在节假日有大量游人时才对群众开放,一般可不设集散广场,只需留足空间。

入口前广场的大小要考虑游人集散量的大小,并和公园的规模、设施及附近建筑情况相适应。目前已建成的公园的主入口前广场的大小差异较大,长宽为(12～50) m 至(60～300) m,但以(30～40)m 至(100～200) m 居多。公园附近已有停车场的可不另设停车场。市郊公园因大部分游人是乘车或骑车来的,所以应设停车场和自行车存放处。

入口后广场位于入口之内,面积可小些。它是从园外到园内集散的过渡地段,往往与主路直接连接,常布置公园导游图和游园须知等。

公园出入口广场的布置如图7-1 所示。

(2)安静休息区

安静休息区主要供游人休息、散步和欣赏自然风景。安静休息区内每个游人所占的用地定额较大,宜

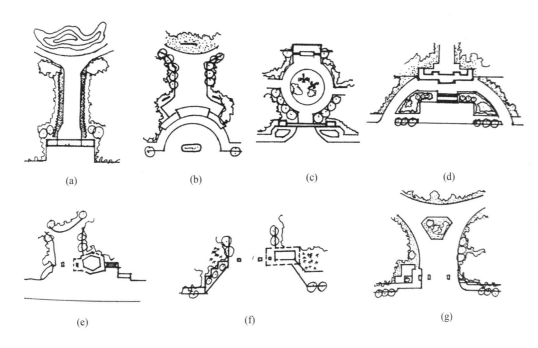

(a)　　　　　(b)　　　　　(c)　　　　　(d)

(e)　　　　　(f)　　　　　(g)

图 7-1　公园出入口广场的布置

为 100 m²/人,故安静休息区在公园内的面积比例亦较大,是公园的重要部分。安静休息区一般设在具有一定起伏的地形(如山地、谷地)上,溪旁、河边、湖泊、河流、深潭、瀑布等环境最为理想,最好树木茂盛、绿草如茵。公园内的安静休息区并不一定集中于一处,只要条件合适,可设置多处,保证公园有足够比例的绿地,也可满足游人回归大自然的愿望。

人们主要在安静休息区开展垂钓、散步、练气功、打太极拳、博弈、品茶、阅读等活动。该区的建筑宜散落不宜聚集,宜素雅不宜华丽。结合自然风景,安静休息区可设立亭、榭、花架、曲廊、茶室、阅览室等园林建筑。

安静休息区可选择距主入口较远处,并与娱乐活动区、运动健身区有一定隔离,可结合场地适当设置老年人活动场地。

(3)运动健身区

运动健身区是公园内集中开展运动健身活动的区域,其规模、内容、设施应根据公园及其周围环境的状况而定:如果公园周围已有大型的体育场、体育馆,则公园内就不必开辟专门的体育活动场地了。运动健身区常位于公园的一侧,可设置专用出入口,便于大量观众的迅速疏散;运动健身区的设置一方面要考虑其为游人提供运动健身的场地、设施,另一方面要考虑其作为公园的一部分,应与整个公园的绿地景观相协调。

该区是相对较喧闹的功能区域,应与其他各区以地形、树丛进行分隔;区内可设场地较小的篮球场、羽毛球场、网球场、门球场等。如果资金允许,运动健身区可以缓坡草地、台阶等作为观众看台,增加人们与大自然的亲和性。

另外,该区可结合林间空地,开设简易活动场地,可结合树阵广场布置,方便游人进行武术、太极拳等简单的休闲运动。

(4)娱乐活动区

娱乐活动区是为游人提供活动的场地和开展各种娱乐项目的场所,是游人相对集中的空间,包含俱乐部、游戏场、表演场地、露天剧场或舞池、溜冰场、展览室等。园内一些主要建筑往往设在这里,因此娱乐活动区常位于公园的中心,成为公园布局的重点。布置时也要注意避免区内各项活动之间的相互干扰,要使有干扰的活动项目相互之间保持一定的距离,并利用树木、建筑、地形等加以分隔。上述一些活动项目的人

113

流量较大,而且集散的时间集中,所以要妥善组织交通,需要接近公园出入口或与出入口有方便的交通联系,以避免不必要的拥挤,用地定额一般为 30 m²/人。规划这类用地要考虑设置足够的道路广场和生活服务设施。全园的主要建筑往往设在该区,故该区要有适当比例的平地和缓坡,以保证建筑和场地的布置。有适当的坡地且环境较好的地点可用来设置开阔的场地。面积较大的水面可设置水上娱乐项目。

(5)主题游赏区

主题游赏区一般通过主题解释文化和传递文化,以观赏、游览参观为主,是游人比较喜欢的区域。一般主题游赏区以展现当地文化和文化导入为主,这种文化是根植于日常生活当中的场所文化和当地的传说故事,与每个人或多或少都存在着联系。同时,本区的主题往往也是该综合公园的特色所在,在公园中也占有非常重要的地位。该区域通过景点的布置结合现状地形、植被布置园林空间,给人更加舒适的体验感和真实的互动感。

在主题游赏区中如何围绕主题设计合理的参观路线,形成较为合理的风景展开序列是一个非常重要的问题。通常我们在设计时应使空间有开、有闭、有收、有放,使游人对公园主题产生深刻的印象。

(6)园务管理区

园务管理区是公园经营管理需要的专用区域,一般设置有办公室、值班室、广播室、管线工程建筑物和构筑物修理工厂、仓库及宿舍等。园务管理区按功能可分为管理办公部分、车库工厂部分、花圃苗木部分、生活服务部分等。园务管理区一般设在既便于公园管理,又便于与城市联系的地方。园务管理区要与游人区分隔,对园内园外均要有专用的出入口,到区内要有车道相通,方便运输和消防。由于园务管理区属于公园内部专用区,规划布局要考虑适当隐蔽,不宜过于突出,影响景观视线。温室、花圃、花棚、苗圃是提供园内花坛、花饰、节日用花、盆花及补充部分苗木的设施。为了方便公园种植的花木的抚育管理,面积较大的公园,在园务管理区外还可以分设一些分散的工具房、工作室,以提高管理工作的效率。较大的公园可设 1~2 个服务中心,为全园游人服务,服务中心应设在游人集中、停留时间较长、地点合适的地方。

2. 景区划分

公园按规划设计意图,根据游览需要,组成一定范围的各种景观地段,形成各种风景环境和艺术境界,以此划分成不同的景区,称为景区划分。

景区划分通常以景观分区为主,每个景区都可以成为一个独立的景观空间体。景区内的各组成要素都是相关的,都有一定的协调统一的关系,或在建筑风格方面,或在植物景观配置方面。

公园景观分区要使公园的风景与功能使用要求相配合,增强功能要求的效果;景区不一定与功能分区的范围完全一致,有时需要交错布置,常常是一个功能区中包含一个或多个景区,形成不同的景色,有变化、有节奏、生动多彩,以不同的景观效果、景观内涵给游人不同的艺术感受,激发游人的审美情感。例如广州越秀公园的景区划分,是以较有特色的景观作为分区的主导因素,其他各造园要素围绕它来展开,组成特色明显的景区,颇得游人青睐。

景观分区的形式一般有以下几类。

(1)按景区视觉和心理感受效果划分景区

①开朗的景区。

宽广的水面、大面积的草坪、宽阔的铺装广场,往往都能形成开朗的景观,给人心胸开阔、畅快怡情的感觉,是游人较为集中的区域。

②雄伟的景区。

雄伟的景区利用挺拔的植物、陡峭的山形、耸立的建筑等形成雄伟庄严的气氛,如南京中山陵利用主干道两侧高大茂盛的雪松和层层向上的大台阶,使人们的视线集中向上,形成仰视景观,达到巍峨壮丽和令人肃然起敬的景观感染效果。

③安静的景区。

安静的景区利用四周封闭而中间空旷的环境,形成安静的休息条件,如林间隙地、山林空谷等,在有一定规模的公园中常常进行设置,使游人能够安静地欣赏景观,进行活动。

④幽深的景区。

幽深的景区利用地形的变化、植物的隐蔽、道路的曲折、山石建筑的障隔和联系,形成曲折多变的空间,达到优雅深邃、"曲径通幽"的效果。这种景区的空间变化比较丰富,景观内容较多。

（2）按复合的空间组织景区

这种景区在公园中有相对独立性,形成自己的特有空间,一般都是在较大的园林空间中开辟出相对小一些的空间,形成园林景观空间层次上的复合性,增加景区空间的变化和韵律,是比较受欢迎的景区空间类型,如颐和园的谐趣园、杭州西湖的三潭印月。园中之园、岛中之岛、水中之水,借外景的联系而构景的山外山、楼外楼,都属此类景区。

（3）按季相特征划分的景区

景区主要以植物的四季变化为特色进行布局规划,一般根据春花、夏荫、秋叶、冬干的植物四季特色分为春景区、夏景区、秋景区、冬景区,每个景区都选取有代表性的植物作为主景观,结合其他植物品种进行规划布局,四季景观特色明显,是经常用的一种方法,如扬州个园的四季假山。上海植物园内假山园的樱花、桃花、紫荆、连翘等为春山风光;石榴、牡丹、紫薇等为夏山风光;红枫、槭树林为秋山风光;松、柏等为冬山风光。

（4）按不同的造园材料和地形为主体构成景区

①假山园。

假山园以人工叠石为主,突出假山造型艺术,配以植物、建筑、水体,在我国古典园林中较多见,如上海豫园的黄石大假山、苏州狮子林的湖石假山、广州黄蜡石假山。

②水景园。

水景园是利用自然的或模仿自然的河、湖、溪、瀑,人工构筑的各种形式的水池、喷泉、跌水等水体构成的风景。

③岩石园。

岩石园以岩石及岩生植物为主,结合地形选择适当的沼泽、水生植物,展示高山草甸、牧场、碎石陡坡、峰峦溪流、岩石等自然景观,极富野趣,是较受欢迎的一类景区。

其他一些有特色的景区,如山水园、沼泽园、花卉园、树木园等,都可结合整体公园的布局立意进行设置。

我国古典园林常常利用创造意境的方法来形成景区特色,一个景区围绕一定的中心思想展开,包括景区内的地形布置、建筑布局、建筑造型、水体规划、山石点缀、植物配置、匾额对联的处理等,如圆明园的四十景、承德避暑山庄的七十二景都是较好的范例。现代园林设计同样可以借鉴其中的一些手法,结合较强的实用功能进行景区的规划布局。

（二）地形处理

竖向控制,应根据公园四周城市道路规划标高和园内主要内容而定,应充分利用原有地形地貌,提出主要景物的高程及对其周围地形的要求。地形标高还必须满足拟保留的现状物和地表水的排放要求。

竖向控制应包括下列内容:最高、最低标高点,山顶,最高水位,常水位,最低水位,水底,驳岸顶部,园路主要转折点、交叉点和变坡点,主要建筑物的底层和室外地坪,各出入口内、外地面,地下工程管线及地下构筑物的埋深,园内外佳景的互借观赏点的地面高程等。

公园沿城市道路方向的地面标高,应与道路路面标高相适应,并采取措施避免地面径流冲刷,污染城市道路和公园绿地。

河湖水系设计应根据水源水位、水量、现状地形等条件,确定园中河湖水系的水量、水位、流向,水闸、水井、泵房的位置,各类水体的形状和使用要求。游船水面应按船的类型提出水深要求和码头位置,游泳水面应划定不同水深的范围,观赏水面应确定各种水生植物的种植范围和不同的水深要求。

公园内的河、湖的最高水位,必须保证重要的建筑物、构筑物等不被水淹。

(三)植物设计

植物是公园最主要的组成部分,也是公园景观构成的最基本元素。因此,植物配植效果的好坏会直接影响公园景观的效果。公园的植物配植除了要遵循公园绿地植物配植的原则以外,在构成公园景观方面,还应注意以下两点。

1. 选择基调树,形成公园植物景观基本调子

为了使公园的植物构景风格统一,在植物配植中,设计师一般应选择几种适合公园气氛和主题的植物作为基调树。基调树在公园中的比例大,可以协调各种植物景观,使公园景观取得一个和谐一致的形象。

2. 配合各功能区及景区选择不同植物,突出各区特色

在定出基调树、统一全园植物景观的前提下,设计师还应结合各功能区及景区的不同特征,选择适合表达这些特征的植物进行配植,使各区特色更为突出。公园入口区人流量大、气氛热烈,植物配植上应选择色彩明快、树形活泼的植物,如花开、开花小乔木、花灌木等。安静休息区适合配植一些姿态优美的高大乔木及草坪。娱乐活动场地配植的花草树木应结合各类人群的心理及生理特点,做到品种丰富、颜色鲜艳,同时不种植有毒、有刺以及有恶臭的浆果之类的植物。娱乐活动区人流集中,建筑和硬质场地较多,应选一些观赏性较高的植物,并着重考虑植物配植与建筑、铺地等人工元素之间的协调、互补和软化的关系。园务管理区一般应考虑隐蔽和遮挡视线的要求,可以选择一些枝叶茂密的常绿高灌木和乔木,使整个区域遮隐于树丛之中。

(四)给排水设计

1. 给水

①设计师根据植物灌溉、喷泉水景、人畜饮用、卫生和消防等需要进行供水管网布置和配套工程设计。

②给水以节约用水为原则,设计人工水池、喷泉、瀑布。

③喷泉应采用循环水,并防止水池渗漏。喷泉设计参照《建筑给水排水设计规范》(GB 50015—2019)的规定。

④取用地下水或其他废水,以不妨碍植物生长和不污染环境为准。

⑤给水灌溉设计应与种植设计配合,分段控制。喷灌设计应该符合《喷灌工程技术规范》(GB/T 50085—2007)的要求。

⑥浇水龙头和喷嘴在不使用时应与地面持平。

⑦饮水站的饮用水和天然游泳池的水必须保证清洁,应符合国家规定的卫生标准。

⑧我国北方冬季室外灌溉设备、水池必须考虑防冻措施。

⑨木结构的古建筑和古树的附近应设专用消防栓。

2. 排水

①污水应接入城市活水系统。
②污水不得在地表排泄或排入湖中。
③雨水排泄应有明确的去向。
④地表排水应有防止径流冲刷的措施。

(五)电气设施

由于照明、电动游乐器具等设备的需要,公园中的电气设施是不可少的。变电站位置应设在隐蔽之处。

园内照明宜采用分线路、分区域控制。电力线路及主园路的照明线路宜埋地敷设,线路敷设应符合《公园设计规范》(GB 51192—2016)的规定。具有动物展区、晚间开展大型游园活动、装置电动游乐设施、有开放性地下岩洞或架空索道的综合公园,应按两路电源供电设计,并应设备用电源自投装置,有特殊需要的应设自备发电装置。公共场所的配电箱宜设在非游览地段。

公园内不宜设置架空线,必须设置时,应避开主要景点和游人密集活动区,不得影响原有树木的生长,对计划新栽的树木,应提出解决树木和架空线矛盾的措施。架空线必须采用绝缘线。

城市高压输配电架空线以外的其他架空线和市政管线一般不会通过公园,特殊情况时过境,选线要符合公园总体设计要求,通过乔灌木种植区的地下管线与树木的水平距离应符合《公园设计规范》(GB 51192—2016)的规定。管线从乔、灌木设计位置下部通过时,其埋深应大于 1.5 m;从现状大树下部通过时,地面不得开槽且管线埋深应大于 3 m。根据上部荷载,设计师应对管线采取必要的保护措施,应对通过乔木林的架空线提出保证树木正常生长的措施。

三、社区公园规划设计

(一)社区公园概述

1. 社区公园的概念

社区公园是指用地独立,具有基本的游憩和服务设施,主要为一定社区范围内居民就近开展日常休闲活动服务的绿地,其规模宜在 1 hm² 以上。

2. 社区公园规模分类

《城市居住区规划设计标准》(GB 50180—2018)规定,居住区按照居民在合理的步行距离内满足基本生活需求的原则,分为十五分钟生活圈居住区、十分钟生活圈居住区、五分钟生活圈居住区及居住街坊四个等级。十五分钟生活圈居住区的步行距离为 800~1000 m,十分钟生活圈居住区的步行距离为 500 m,五分钟生活圈居住区的步行距离为 300 m,如表 7-3 所示。

表 7-3　居住区分级控制规模

距离与规模	十五分钟生活圈居住区	十分钟生活圈居住区	五分钟生活圈居住区	居住街坊
步行距离/m	800～1000	500	300	
居住人口/人	50 000～100 000	15 000～25 000	5000～12 000	1000～3000
住宅数量/套	17 000～32 000	5000～8000	1500～4000	300～1000

　　社区公园按照其不同的服务范围,分为三种不同的规模,如表 7-4 所示。十分钟生活圈居住区和十五分钟生活圈居住区对应的社区公园的最小规模是 1.0 hm² 和 5.0 hm²,最小宽度分别为 50 m 和 80 m;五分钟生活圈居住区对应的社区公园的最小规模为 0.4 hm²,最小宽度为 30 m。各级公园绿地指标不含下一级公园绿地指标。同时,社区公园应设置 10%～15% 的体育活动场地。

表 7-4　社区公园分级控制规模

类别	人均公共绿地面积/(m²/人)	备注
十五分钟生活圈居住区	2.0	不含十分钟生活圈及以下级居住区的公共绿地指标
十分钟生活圈居住区	1.0	不含五分钟生活圈及以下级居住区的公共绿地指标
五分钟生活圈居住区	1.0	不含居住街坊的公共绿地指标

(二)社区公园规划设计

1. 社区公园的特点

　　社区公园在服务对象上具有一定的区域限定性,即主要为 0.3～1.0 km 范围内的某个居住社区的居民服务,具有一定活动内容和设施,是为社区配套建设的公园绿地,虽然在用地类型上为公园绿地,不属于居住用地,但在服务功能上是从属于居住社区的。社区公园与附近居民的日常户外休闲生活关系密切,在功能设施上更注重居民的日常使用,所以,社区公园是更为生活化的城市绿色公共空间,在具体服务对象和功能安排上,侧重老年人户外社会交往、休闲健身、文化娱乐以及儿童游戏娱乐活动等,兼顾其他游览观赏和体育运动功能。另外,居民游园时间大多集中在早晨和晚间。尤其在夏季,社区公园是附近居民户外散步纳凉的理想去处。

2. 社区公园的功能分区与设计内容

　　社区公园根据总体功能要求,一般可分为观赏休憩区、娱乐活动区、运动健身区、儿童游乐区四个主要功能空间,同时设置公园管理处,必要时(如规模较大的社区公园)可增设园务管理区。

　　(1)观赏休憩区

　　观赏休憩区主要为居民提供户外休息和游览赏景空间。观赏休憩区的内容包括花园、花境、花坛、水景、草坪、树林、树丛、疏林草地、休息场地、树荫广场、游览步道,亭、廊、榭、茶室、公共卫生间等园林景观服务建筑,以及园椅、园凳、园灯、垃圾箱等服务设施。

　　(2)娱乐活动区

　　娱乐活动区主要为社区成年居民提供不同类型的文化娱乐场地和建筑设施。娱乐活动区的内容包括文化广场、露天舞台(露天剧场)、文娱活动室(如棋牌室、阅览室、游戏室)、书画报廊、必要的休息设施和环境绿化景观等。

（3）运动健身区

运动健身区主要为社区居民提供适量的户外体育运动健身场地和设施。运动健身区的内容包括篮球场、羽毛球场、门球场、小型足球场、露天乒乓球台、健身步道、组合健身器材、必要的休息设施和环境绿化景观等。

（4）儿童游乐区

儿童游乐区有时也称儿童游戏区、儿童乐园，主要为社区儿童提供适量的户外游戏娱乐场地和设施。儿童游乐区的内容包括沙坑、戏水池、旱冰场等各种游戏场地，秋千、跷跷板、旋转木马、滑滑梯、电动玩具车等各种游戏器具、设施，以及售票厅、小超市、公共卫生间、必要的休息设施和环境绿化景观等。

（5）公园管理处

公园管理处主要结合公园出入口等功能设施设置，主要设置办公室（接待室）和门卫室。如果规划园务管理区，社区公园还需设置公园绿化、卫生管理的设施，如仓库、堆场、小型花圃或花房等。

四、游园规划设计

（一）游园的定义

城市公园绿地体系中，除综合公园、社区公园、专类公园外，还有许多零星分布的小型公园绿地。这些规模较小、形式多样、设施简单的公园绿地在市民户外游憩活动中同样发挥着重要作用。这些用地独立、规模较小或形状多样，方便居民就近进入，具有一定游憩功能的绿地被称为公园绿地中的游园。对块状游园不做规模下限要求。在建设用地日趋紧张的条件下，小型的游园建设应予以鼓励，带状游园的宽度宜大于12 m。游园的绿化占地比例应大于或等于65%。

（二）游园的性质

游园可利用城市中不宜布置建筑的小块零星空地来建造，在旧城改建中具有重要的作用。游园可以布置得精细雅致，除种植花木外，还可布置园路、铺地和建筑小品等。平面布置多采取开放式布局，规划设计可以因地制宜。游园在绿化配置上要符合它的兼有街道绿化和公园绿化的双重性的特点，一般绿化的覆盖率要求较高。游园在国外也很普遍，如日本 1923 年关东大地震后重建东京时，在小学校邻近、道旁、河滨建设了 72 座游园。苏联最先将游园列入城市园林绿地系统，并将其分为广场上的游园、公共建筑物前的游园、居住区内的游园、街道上的游园等类型。我国的游园面积小、分布广、方便人们利用。现在各大城市都在进行口袋公园的建设，从城市中的微小型空间入手，见缝插针地建设口袋公园来增加城市绿地，使其在高密度城市中起到了有效的缓解与协调的作用。口袋公园就是典型的游园，口袋公园具有选址灵活、功能多样、对场地环境和面积要求较低等优势。设计师通过多元主体共建方式进行城市更新，在城市中植入口袋公园，整合社区中的零散用地，丰富景观层次进而带来社区公共活动空间的释放。以口袋公园的复合与多样带动社区活力，对改善城市景观环境、促进城市微循环、改善城市生态环境有至关重要的作用。游园可以实现以相对便捷、低成本的方式促进城市更新，也满足居民在社区中对公共活动空间环境的要求，能提高居民幸福感。

（三）游园的规划设计要点

1. 特点鲜明突出，布局简洁明快

游园的平面布局不宜复杂，应当使用简洁的几何图形。从美学理论上看，明确的几何图形要素之间具

有严格的制约关系,最具美感;同时对整体效果、远距离及运动过程中的观赏效果的形成也十分有利,具有较强的时代感。

2. 因地制宜,力求变化

如果游园规划地段面积较小,地形变化不大,周围是规则式建筑,游园内部道路系统以规则式为佳;若地段面积稍大,又地形起伏,游园可以自然式布置。城市中的游园贵在自然,最好能使人从嘈杂的城市环境中脱离出来。园景也宜充满生活气息,有利于游人逗留休息。另外,游园要发挥艺术手段,将人带入设定的情境,做到自然性、生活性、艺术性相结合。

3. 小中见大,充分发挥绿地的作用

布局要紧凑,尽量提高土地的利用率,将园林中的死角转化为活角。空间层次丰富,利用地形、道路、植物小品分隔空间,也可利用各种形式的隔断、花墙构成园中园。建筑小品以小巧取胜,道路、铺地、座凳、栏杆的数量与体量要控制在满足游人活动的基本尺度要求之内,使游人产生亲切感,同时扩大空间感。

4. 植物配置与环境结合,体现地方风格

严格选择主调树种,除注意其色彩美和形态美外,还要注意其风韵美,使其姿态与周围的环境气氛相协调。注意时相、季相、景相的统一,在较小的绿地空间取得较大活动面积,又不减少绿景。植物种植可以以乔木为主、灌木为辅,乔木以点植为主,在边缘适当辅以树丛,适当增加宿根花卉种类。此外,设计师也可适当增加垂直绿化的应用。

5. 组织交通,吸引游人

在设计道路时,设计师应分析主要人流方向,采用角穿的方式使穿行者从绿地的一侧通过,保证游人活动的完整性。

6. 硬质景观与软质景观兼顾

硬质景观与软质景观要按互补的原则进行处理:硬质景观突出点题、象征与装饰等表意作用;软质景观突出情趣、情绪、自然等。

7. 动静分区

为满足不同人群活动的要求,设计师设计游园时要考虑动静分区,并要注意活动区的公共性和私密性。设计师在空间处理时要注意动观、静观、群游与独处兼顾,使游人找到自己所需要的空间类型。

≫➔ ▏学生作品赏析▏……

项目名称:东湖磨山村综合公园设计(李诗琪)。

项目概况:基址位于喻家山北部,西侧是鲁磨路,南侧是喻家山北路,现状场地内有村子、农田和水塘,面积约 22 hm^2。现利用该基址设计综合公园,以充分发挥其社会效益、生态效益,并满足市民假日休闲游憩的需要。

设计理念:尽量保留原场地的特征,减少原地形的更改,将原地形的肌理通过旋转、叠加进行一定变化;利用点、线、面结合进行平面布局,竖向上满足排水需求,利用台地的变化象征人与自然关系的转变。

东湖磨山村综合公园设计如图 7-2 至图 7-9 所示。

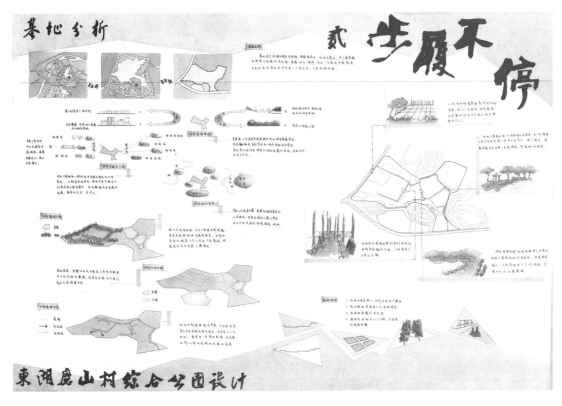

图 7-2　东湖磨山村综合公园基址分析

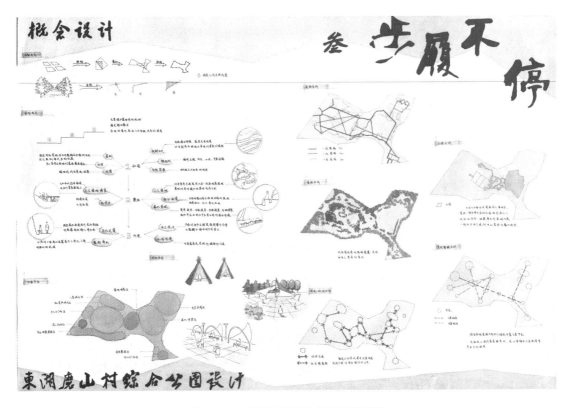

图 7-3　东湖磨山村综合公园概念设计

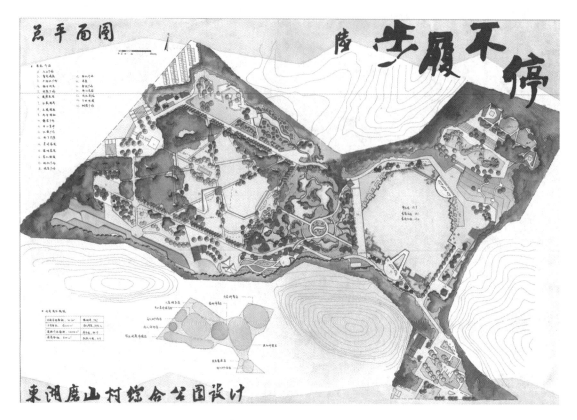

图 7-4　东湖磨山村综合公园总平面图

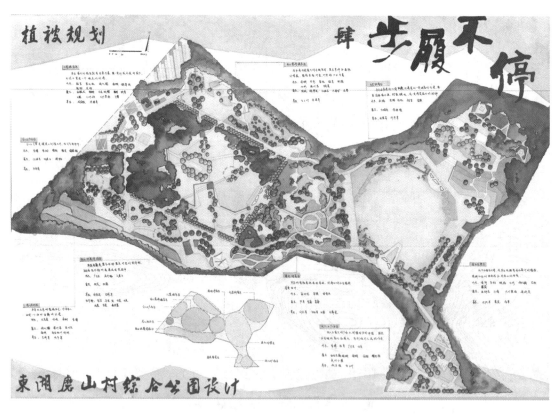

图 7-5　东湖磨山村综合公园植被规划

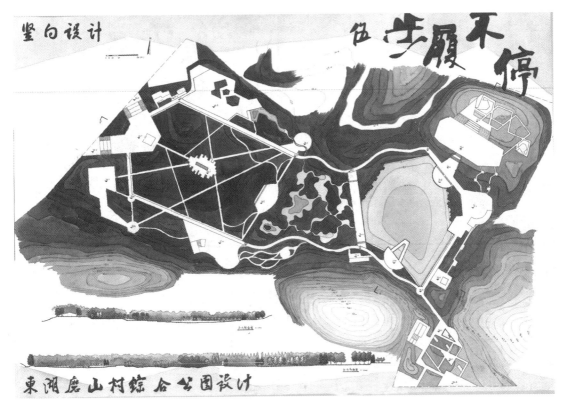

图 7-6　东湖磨山村综合公园竖向设计

图 7-7　东湖磨山村综合公园景区规划

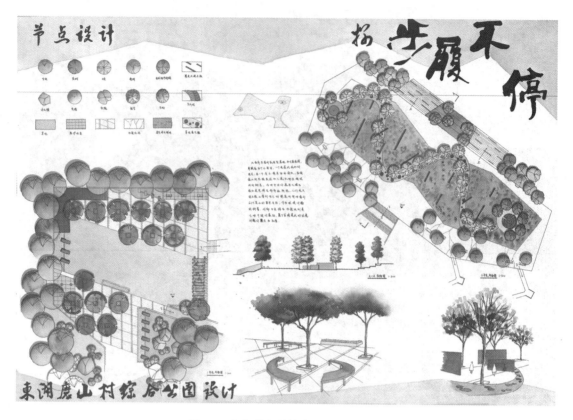

图 7-8　东湖磨山村综合公园节点设计

图 7-9　东湖磨山村综合公园鸟瞰图

Yuanlin Guihua Sheji

第八章
居住区绿地设计

一、居住区绿地设计的原则

(一)以人为本的原则

居住区绿地设计应以人为本。居住区的居民包括老年人、中年人、青年和少年等不同群体,他们属于不同的年龄层,既有共性,又有个性,他们的性别、年龄、职业、文化、性格、健康状况、兴趣爱好有着种种不同,这就要求居住区绿地设计要充分考虑不同人群对于园林环境的多种需求。人对环境的体验来源于多重感官,绿化设计应考虑人的听觉、视觉、嗅觉等多重感受。良好空间环境的建立依赖于对多重环境的体验。此外,居住区应具有亲切宜人的尺度感,促进社区人际交往,引导人与人之间的交互行为。公众应该参与居住区的景观设计。通过景观的营建建立起居民对居住区的认同、参与和肯定是促使居住区绿地设计更加人性化的重要一环。

(二)生态性原则

回归自然、亲近自然是人的天性。遵循自然、天人合一的生态性原则是居住区绿地设计的重要理念。居住区绿化设计应融合生态园林的理念。生态园林是根据植物共生、循环、竞争、植物种群等生态学原理,因地制宜地将乔木、灌木、藤本植物、草本植物配置在一个群落中,使具有不同生物特性的植物各得其所,从而充分利用阳光、空气、土地、肥力,实施集约经营,构成一个和谐、有序、稳定、壮观而且能长期共存的复层混交的主体植物群落,有利于乡土生物多样性和生态系统的平衡,使居住区绿地发挥更好的生态效益。因此在绿地设计时,设计师要因人、因地,利用居住区现有的地形、地貌和植被,尽量减少人工干预,把对原有环境造成的负面影响降到最小,提高居住区的"三维绿量"。随着人们对居住环境的重视程度的提高,生态园林的实践与探索受到社会各界重视,用生态学的原理和方法指导城市绿地建设也是大势所趋。

(三)美观性原则

居住区绿地设计应强调小区绿化的功能性和可达性,在充分满足居民使用需求的基础上给居民美的享受,旨在为居民创造一个优美的人居环境。优美的居住区园林景观的形成不仅取决于单个住宅建筑及公共服务设施的设计,还取决于建筑群体的整体性,以及建筑群体与园林空间环境的结合。因此,居住区绿地设计要做到以下几点:一是形成一个整体的绿色大基底;二是突出小区景观特色,根据小区建筑物的外观、色彩,结合小区原有的地形地貌,力求设计新颖,突出小区的整体美感,这就要求设计师能对居住区绿地进行深度分析,对地域的气候、地形特点以及人文环境进行不断的推敲和琢磨,创造出舒适又有个性的居住环境;三是植物配置尽量突出"草铺地、乔遮阴、花草灌木巧点缀"的绿化特点,在展现自然美的同时,也体现人与自然的和谐美,让居民乐在其中,美在其中。

(四)经济实用性原则

在进行居住区绿地设计时,设计师应综合考虑项目区位、周边环境等特点,充分利用规划用地内的地形地貌等场地资源,包括河湖、自然植被、道路、原有建筑物及构筑物等,将其纳入规划设计中,注重节地、节能、节材,体现一定的经济适用性,在绿地设计中要利用现有的地形地貌,并结合小区的建筑风格,采取合理的绿化布局,涵盖花坛、雕像、喷泉、小广场等独具小区特色的场地,尽量满足小区居民休闲、娱乐、游览、观赏、文化体验等多功能需求,不宜滥用昂贵的观赏性的建筑物或构筑物。此外,居住区绿地的植物配置,也必须从实际使用和经济出发,尽量少用名贵树种,应以当地的乡土树种为主。

(五)功能性原则

功能性原则主要是指居住区绿地的使用功能。不同类型、不同面积以及不同地理位置的居住区绿地及其园林设施,在居住区中有不同的功能。在绿地规划设计时,设计师应注重功能性与艺术性的统一。除了满足基本的观赏功能、生态功能以外,在地震、火灾等自然灾害发生的非常时期,居住区绿地还应具有疏散人流、防灾、减灾、紧急避难等保护功能。因此,居住区绿地设计应突出其多种使用价值,从而提高居住区绿地的使用率。

(六)文化性原则

每个居住区的环境都是唯一的,都有自己的地方特征和文化特色。场所感又称地方感,来自居民对场所精神或地方风土文化的认同。场所文化精神中的核心问题是除了要有景观空间,还要有外围的环境特征,包括规划设计用地和周边区域的历史文化。居住区绿地设计中文化场所的表达主要表现设计师对场地文化的尊重。居住区绿地景观设计不是简单地栽植花草、堆山凿池,而是运用人类的情感,让场地精神成为一种文化符号,使居住在空间形态上表现出文化的统一性、稳定性以及延续性,让人的精神在园林景观再现中找到寄托,让居民对家园产生一种强烈的归属感和认同感。设计师在进行居住区绿地设计时,只有充分尊重所在场地的内涵特质,不断提炼、挖掘和发扬地域的历史文化,才能体现出该景观的价值和意义。

(七)多元性原则

园林景观的艺术性向多元化发展,居住区绿地设计也呈现多元化的发展趋势。居住区绿地不仅应为人所赏,还应为人所用,为居民提供方便、健康及舒适的生活方式,创造自然、舒适、亲近、宜人的景观空间,将人与景观进行有机结合。

二、居住区绿地设计的内容

城市中住宅建筑相对集中布局的地区简称居住区。

居住区按照控制规模进行分级。

十五分钟生活圈居住区:以居民步行十五分钟可满足其物质与生活文化需求为原则划分的居住区范围,一般由城市干路或用地边界线围合,居住人口规模为 50 000～100 000 人(17 000～32 000 套住宅),是配套设施完善的地区。

十分钟生活圈居住区:以居民步行十分钟可满足其基本物质与生活文化需求为原则划分的居住区范围,一般由城市干路、支路或用地边界线围合,居住人口规模为 15 000～25 000 人(5000～8000 套住宅),是配套设施齐全的地区。

五分钟生活圈居住区:以居民步行五分钟可满足其基本生活需求为原则划分的居住区范围,一般由支路及以上级城市道路或用地边界线围合,居住人口规模为 5000～12 000 人(1500～4000 套住宅),是配建社区服务设施的地区。

居住街坊:由支路等城市道路或用地边界线围合的住宅用地,是住宅建筑组合形成的居住基本单元,居住人口规模为 1000～3000 人(300～1000 套住宅,用地面积为 2～4 hm^2),并配建有便民服务设施。

居住区绿地是指居住区范围内,住宅建筑、公建设施和道路用地以外布置绿化、园林建筑和园林小品,为居民提供游憩活动场地的用地。居住区绿地按其功能、性质和大小,可划分为公共绿地、道路绿地、宅旁绿地、公共建筑及设施专用绿地四类。

(一)公共绿地设计

居住区公共绿地为居住区配套建设、可供居民游憩或开展体育活动的公园绿地,主要服务于居住区居民的休息、交往和娱乐等,有利于居民心理、生理的健康。各级生活圈居住区的公共绿地应分级集中设置一定面积的居住区公园,形成集中与分散相结合的绿地系统,创造居住区内大小结合、层次丰富的公共活动空间,设置休闲、娱乐、体育、活动等设施,满足居民不同的日常活动需要。居住区内的公共绿地,应结合不同的分级,如十五分钟生活圈居住区、十分钟生活圈居住区、五分钟生活圈居住区以及居住街坊进行合理规划。

为落实《中共中央国务院关于进一步加强城市规划建设管理工作的若干意见》提出的"合理规划建设广场、公园、步行道等公共活动空间,方便居民文体活动,促进居民交流。强化绿地服务居民日常活动的功能,使市民在居家附近能够见到绿地、亲近绿地"的精神,各级生活圈居住区公共绿地配建指标均有一定的要求,如十五分钟生活圈居住区按 2 m²/人设置公共绿地(不含十分钟生活圈居住区及以下级公共绿地指标)、十分钟生活圈居住区按 1 m²/人设置公共绿地(不含五分钟生活圈居住区及以下级公共绿地指标)、五分钟生活圈居住区按 1 m²/人设置公共绿地(不含居住街坊绿地指标),如表 8-1 所示。各级生活圈居住区对集中设置的公园绿地的规模提出了控制要求,有利于形成点、线、面结合的城市绿地系统,同时能够发挥更好的生态效应;有利于设置体育活动场地,为居民提供休憩、运动、交往的公共空间。同时,体育设施与该类公园绿地的结合较好地体现了土地混合、集约利用的发展要求。

表 8-1　公共绿地控制指标

类别	人均公共绿地面积/(m²/人)	居住区公园最小规模/hm²	居住区公园最小宽度/m	备注
十五分钟生活圈居住区	2.0	5.0	80	不含十分钟生活圈及以下级居住区的公共绿地指标
十分钟生活圈居住区	1.0	1.0	50	不含五分钟生活圈及以下级居住区的公共绿地指标
五分钟生活圈居住区	1.0	0.4	30	不含居住街坊的公共绿地指标

注:居住区公园中应设置10%～15%的体育活动场地。

居住区公园综合性强,面积较大,设施齐全,内容丰富,功能分区明显,有明显的景区划分,场地和设施完善。居住区公园绿地在设计时形式较为灵活,建筑和地下管线的影响相对较少,种植形式较为灵活,可划分一定的功能分区,如老年人活动区、儿童活动区以及中青年活动区等。

居住区公共绿地户外活动时间较长,频度使用较高的主要人群是老年人和儿童,在老年人活动区域内,可适当多增加一些常绿树。在设计时,设计者应将老年人活动区与儿童活动区相结合,并运用绿篱进行空间分割,但绿篱高度不宜遮挡视线。4～7 岁儿童活动区:儿童多在家长的照看下活动,对游戏器械的使用量较大,植物设计主要在场地周边,以乔灌草复合搭配,植物要以观花、观叶为主,可以组成不同形状的花坛或是花境,增加场地热烈的氛围。7～12 岁儿童活动区:由于这些儿童有一定的自制力,植物可以种植在活动场地边缘,儿童可以深入其中。这个时期的儿童具有一定的思维能力,在植物设计方面7～12 岁儿童活动区要种植同一属或不同属相间的植物,常绿和落叶,通过对比,引导儿童对植物的学习;也可以用植物设计成不同的形状,利用不同的花开颜色增加学生的兴趣。最后,在植物总体选择中要避免选择有刺、有毒、有飞絮的树种。青年活动场地,不要设在交叉路口,其选址既要方便青少年集中活动,又要避免交通事故,植物配置应选用夏季遮阴效果好的落叶大乔木,结合活动设施布置疏林地。

公共绿地以绿化为主,同时需要设置座椅让居民在绿地内休息和交往,并适当开辟一定铺装地面的活动场地。广场中应设置座椅、花架、花台、花坛、花钵、雕塑、喷泉等,有很强的装饰效果和实用效果,为人们休息、游玩创造良好的条件。在规划设计中,设计师应充分利用自然地形和原有绿化基础,并尽可能和居住区公共活动或商业服务中心结合起来布置,使居民的游憩和日常生活活动相结合。

公共绿地平面布置形式一般有以下几种。

1. 规则式

规则式即几何图式,即园路、广场、水体等依循一定的几何图案进行布置,有明显的主轴线,分为规则对称式和规则不对称式,给人整齐、明快的感觉。

2. 自由式

自由式布局灵活,能充分利用自然地形、山丘、坡地、池塘等,迂回曲折的道路穿插其间,给人自由活泼、富有自然气息之感。自由式布局能充分运用我国传统造园艺术手法于居住区绿地,获得良好的效果,可以结合自然条件,如池塘、山岳、坡地等进行布置。绿化也采用自由式种植。其特点是自由、活泼、容易创造出自然且别致的环境。

3. 混合式

混合式即规则式与自由式结合,可根据地形或功能要求灵活布局,既能与四周建筑相协调,又能兼顾其空间艺术效果。其特点是可在整体上产生韵律感和节奏感。混合式既有自由式的灵活布局,又有规则式的整齐,与周围建筑、广场协调一致。

(二)道路绿地设计

居住区道路绿地是居住区内道路红线以内的绿地,连接城市干道,具有遮阳、防护、丰富道路景观的功能,作为车辆和人员的汇流途径,具有明确的导向性。道路两侧的环境景观应符合导向要求,并达到步移景异的视觉效果。道路边的绿化种植及路面质地色彩应具有韵律感和观赏性。在满足交通需求的同时,道路可形成重要的视线走廊,因此,设计师要注意道路的对景和远景设计,以强化视线集中的观景。道路是形成城市历史肌理的重要因素。对于需重点保护的历史文化名城、历史文化街区及有历史价值的传统风貌地段,设计师应尽量保留原有道路的格局,包括道路宽度和线型、广场出入口、桥涵等,并结合规划要求,使传统的道路格局与现代化城市交通组织及设施(机动车交通、停车场库、立交桥、地铁出入口等)相协调。居住区内各级城市道路应突出居住使用功能特征与要求,并应符合下列规定。

①两侧集中布局了配套设施的道路,应形成尺度宜人的生活性街道;道路两侧建筑退线距离,应与街道尺度相协调。

②支路的红线宽度,宜为 14～20 m。

③道路断面形式应满足适宜步行及自行车骑行的要求,人行道宽度不应小于 2.5 m。

④支路应采取交通稳静化措施,适当控制机动车行驶速度。

⑤消防车道应符合下列规定。

a.消防车道宽度不应小于 4 m,转弯半径不应小于 9～10 m。重型消防车车道的转弯半径不应小于 12 m,穿过建筑物门洞时其净高不应小于 4 m。供消防车操作的场地的坡度不宜大于 3%。

　　b. 高层建筑的周围应设环形消防车道,当设环形消防车道困难时,可沿高层建筑两个长边设置消防车道。

　　c. 消防车道距高层建筑外墙宜大于 5 m,消防车道上空 4 m 范围内不应有障碍物。

　　d. 小区内尽端式道路不宜长于 120 m,应设置不小于 12 m×12 m 的消防回车场(考虑到车行方便及景观效果,一般尽端路超过 35 m 设回车场)。回车场模式如图 8-1 所示。

　　e. 尽端式消防车道应设回车道或回车场。多层建筑群回车场的面积不应小于 12 m×12 m,高层建筑回车场的面积不宜小于 15 m×15 m,大型消防车的回车场的面积不宜小于 18 m×18 m。

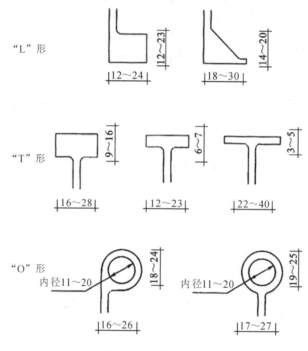

图 8-1　回车场模式

　　⑥转弯半径应符合下列规定。

　　a. 6.0 m:车长不超过 5 米的三轮车、小型车。

　　b. 9.0 m:车长为 6～9 米的一般二轴载重汽车、中型车。

　　c. 12.0 m:车长为 10 米以上的铰接车、大型货车、大型客车等大型车。

　　d. 基地出入口的转弯半径应适量加大。

(三)宅旁绿地设计

　　宅旁绿地也称宅间绿地,是住宅内部空间的延续和补充,它虽不像组团绿地那样具有较强的娱乐、游赏功能,却与居民日常生活息息相关。宅旁绿地在居住区绿地中占地比例较大,约占小区绿化总用地面积的50%。它的布置直接影响室内通风、采光和卫生,是居住区最基本的绿地类型,多指在行列式建筑前后两排住宅之间的绿地,受地形和建筑布局的影响大,能形成线性空间、围合空间、松散空间、舒展空间、多样化空间。宅旁绿地的大小和宽度取决于楼间距,包括宅前、宅后以及建筑物本身的绿化,尤其适合学龄前儿童和老年人。宅间绿地是儿童,特别是学龄前儿童喜欢玩耍的地方,在绿地规划设计中必须适当做些铺装地面,如简单的沙坑。同时绿地应布置一些桌椅,设计高大乔木或花架供老年人户外休闲用。绿化布局和树种的选择要体现多样化,以丰富绿化面貌。行列式住宅容易造成单调感,相同的住宅甚至不易辨认,因此可以选择不同的树种、不同的布置方式,布置成识别的标志,起到区别不同行列、不同住宅单元的作用。住宅周围常因建筑物的遮挡造成大面积的阴影,树种选择上受到一定的限制,因此要注意耐荫树种的选择,以确保阴影部位良好的绿化效果。

(四)公共建筑及设施专用绿地设计

十五分钟生活圈居住区的配套设施中,文化活动中心、社区服务中心(街道级)、街道办事处等服务设施宜联合建设并形成街道综合服务中心,其用地面积不宜小于 1 hm²。五分钟生活圈居住区的配套设施中,社区服务站、文化活动站(含青少年、老年活动站)、老年人日间照料中心(托老所)、社区卫生服务站、社区商业网点等服务设施宜集中布局、联合建设,并形成社区综合服务中心,其用地面积不宜小于 0.3 hm²。旧区改建项目应根据所在居住区各级配套设施的承载能力合理确定居住人口规模与住宅建筑容量;当不匹配时,应增补相应的配套设施或对应控制住宅建筑增量。

居住区公共建筑和公共用地内的绿地,由各使用单位管理,按各自的功能要求进行绿化布置,这类绿地被称为配套公建绿地,又被称为专用绿地。绿地规划内容:中小学及幼儿园绿地景观、商业及服务中心环境绿地、售楼部景观等。公共建筑与住宅之间应设置隔离绿地,多用乔木和灌木构成浓密的绿色屏障,以保持居住区的安静。居住区内的垃圾站、锅炉房、变电站、变电箱等欠美观的设施可用灌木或乔木加以隐蔽。

三、居住区绿地设计的要点及手法

(一)居住区公共绿地设计要点及手法

1. 入口设计

入口应结合居住区道路、住宅的布局形式进行选择,应设置一定规模的集散广场。设计师可结合花坛、花境、园林石景、文化景墙等元素,通过入口对景设计、灯光效果强化等途径体现入口特色,增强入口的通达性、艺术性及安全性。

2. 功能分区

每一个居住区都有独特的消费群体,设计师应根据不同居民的生活习惯、行为模式进行设计。不同群体、不同年龄、不同性别的人,对环境的要求也各不相同,因此,在居住区公园的环境营造方面,设计师除了满足人的审美需求外,还应结合不同的功能分区设计不同的园林要素(见表 8-2)。居住区公园的主要服务人群为老年人和儿童,尤其是我国即将步入老龄化社会,如何为老年人服务也是我们要关注的问题。设计师要针对各种不同活动能力的老年人设置各类健身活动场所。老年人喜欢聚集、打拳、练功以及围桌下棋等活动,并常携儿童散步、聊天,对于这些行为模式,设计场地应多增设桌椅坐凳,还应设置一定的铺装活动场地。健身运动空间可以为老年人提供锻炼身体的场所,包括提供专门健身器械的场所,进行羽毛球、乒乓球、门球等球类活动的专门场所,进行太极、舞蹈、武术等活动的广场空间,绿地及步行空间等。健身运动空间需要保证老年人运动过程中的安全,运动场所应铺设软质的材料,四周也应避免设置硬质的突出物,防止发生意外时老年人摔倒造成损伤。专门的球类场所应用树木、网等设施围闭,防止失控造成意外。健身运动空间的布置形式可以分为集中布置和分散布置两种。大型的活动广场、公共绿地及球类场所宜进行集中布置,吸引人流,形成一种热闹的氛围。健身运动空间的附近应配套设置休息区:一方面为锻炼完后的老年

人提供休息及存放衣物的场所;另一方面为不运动的老年人提供交流的空间。针对老年人的行为特点,广场活动集散区应设计不同的植物种植池,并通过种植高大的乔木进行遮阴,种植一些有香味的植物对居住区进行香化、美化。在老年人的步行环境、活动环境,老年人的视觉、听觉等感官方面也需要着重进行处理和考虑。由于老年人在生理和心理上产生的变化,无障碍的设计需要充分体现对老年人和其他特殊人群的尊重。设计师应在设计中给予这部分群体特殊的考虑,配备能够应答、满足这些需求的服务功能与装置。儿童活动空间应设计适合不同性格、精力和交往能力的儿童的场所,应该种植树形奇特、色彩鲜艳、能引起孩子好奇的园林植物,同时花架的设计应适当结合攀缘植物进行,从而增加居住区绿量,营造良好的居住环境。儿童游戏场的位置应方便家长照看,避免遮挡视线,可结合软质塑胶地面或草皮等形式进行设计。幼儿活动区,如儿童沙坑等场地,还应设置坐凳以便家长休息与照看。儿童游戏场地周边应种植高大乔木进行遮阴,场地边界可通过护栏、绿篱等进行半围合。青少年活动区应独立设置,避免干扰居民休息,并适当安排运动器械及坐凳。场地应设置一定面积的硬化铺装或疏林大草坪,还应满足轮椅和童车的通行要求。

表 8-2　居住区公共绿地功能分区与物质构成要素

功能分区	物质要素
休息、漫步、游览区	休息场地、散步道、桌椅、廊亭、榭、老年人活动室、展览室、草坪、花架、花径、植物、水面等
游乐区	游戏设施、文娱活动室、桌椅、树木、草地等
运动健身区	运动场地及设施、健身场地、桌椅、树木、草地等
儿童活动区	儿童游乐设施、桌椅、树木、草坪等
服务网点	茶室、餐厅、售货亭、公厕、桌椅、植物等

3. 园路

设计师在进行居住区公园园路设计时,一方面要体现居民游憩的功能特点,另一方面要将重点景观节点、活动区与园路设计进行紧密联系,使居民在进行游览时能感到通达性、便利性以及趣味性。园路尽量灵活多样,可曲直、转折、起伏、蜿蜒等,还应保持一定的排水坡度,横坡坡度一般为 1.5%～2.0%,纵坡坡度一般为 1.0%左右。当园路的纵坡坡度超过 8%时,园路应做成台阶。

4. 地形

居住区级公园场地整体面积较大,可结合原有地形因地制宜进行设计,如高处堆山、低处挖池。设计师可合理利用地内的一些湿地景观、自然湖泊,也可结合不同功能分区及景观分区的需要进行适当的地形改造,如图 8-2 所示。设计师在地形设计时应考虑后期排水,也应考虑雨水搜集及雨水循环利用。

5. 园林建筑及设施

不同的园林建筑及设施能丰富居住区公园的园林景观。居住区公园绿地面积受到一定的限制,所以其建筑及设施的体量应按照比例与尺度进行设计。同时,居住区公园建筑及设施的服务对象是居民,为了更好地服务居民,居住区公园应该根据该居住区的居民的年龄、爱好、生活习惯等设置相应类型的建筑与服务性园林小品,应以人为本、因地制宜。

6. 植物配置

在园林植物景观设计中,设计师可以通过绿化有效引导人的视觉,也可以采用立体化、生态绿化模式,

图 8-2　南京居住区不同公共绿地水景设计

创造出场地高差,形成自然的起伏,从而有效增大绿化面积,并使园林景观产生丰富的层次感和空间感。在建筑和植物景观的结合上,设计师可以让建筑的格局随着绿化景观的变化而变化。在园林光影效果与声音效果上,设计师可以使建筑空间与园林植物空间形成虚实对比效果,为人们创造出身心栖息的港湾。植物配置一定要做到四季有景、三季有花,适当配置乔灌木、花卉和地被植物,丰富植物景观群落空间。

(二)宅旁绿地设计要点及手法

宅旁绿地设计应注重植物与建筑相结合,形成一体的绿化体系,强调连绵不断的绿化系统和流动的景观空间,打破以建筑为界围合庭院的刻板模式,以花园围合建筑,用植物软化建筑的硬线条,把建筑形式与景观形式相结合,达到整体的形式与风格的相同。

1. 宅旁绿地景观标识性设计

行列式住宅容易产生单调感,甚至造成不易辨认外形相同的住宅的情况,因此,设计师可以选择不同的树种、不同布置方式,布置成识别的标志,起到区别不同行列、不同住宅单元的作用。宅旁绿地增强辨识度的常见手法有运用植物的色彩、不同植物的季节主题、结合地域文化特色、运用造型植物以及结合其他园林设施等,如图 8-3 和图 8-4 所示。

图 8-3　利用植物的色彩增强辨识度　　　　图 8-4　利用不同植物的季节主题增强辨识度

2. 不同住宅方位设计

住宅南侧、北侧、东侧、西侧植物的选择应体现科学性原则。南侧种植落叶乔木,夏季用来遮阴,冬季避免妨碍采光;北侧选用耐阴常绿小乔木以及灌木,以防冬季寒风;东西两侧种植落叶大乔木,减少夏季东、西方向的日晒;靠近房基处种植住户喜爱的花灌木,以免妨碍室内采光与通风。

3. 种植位置选择及尺度

树木的种植不应影响住宅的通风、采光,特别是南向窗前应尽量避免种植乔木,尤其是常绿乔木。室外种植的大乔木距建筑外墙宜为 5 m,小乔木距建筑外墙宜为 3 m,灌木距建筑外墙宜为 1.5 m。住宅附近管线比较密集,存在自来水管、污水管、雨水管、煤气管、热力管、化粪池等设施,设计师应根据管线分布情况,选择合适的植物,并在树木栽植时留够距离。绿化布置要注意尺度,以免由于树种选择不当给游人带来拥挤、狭窄的不良心理感觉。树木的高度、行数、大小要与庭院的面积、建筑间距、层数相适应,如图 8-5 和图 8-6 所示。

图 8-5　合理的小乔木与建筑的距离

图 8-6　结合观花植物丰富住宅景观

4. 建筑角隅处的种植设计

建筑的角隅是建筑的转折之处,线条生硬,植物配植主要起缓和作用,往往成丛配植,如图 8-7 和图 8-8 所示。

图 8-7　利用植物软化建筑

图 8-8　结合花灌木进行建筑角隅设计

总之,宅旁绿地在设计时应把庭院、屋基、天井、阳台、室内的绿化结合起来,把室外自然环境通过植物的安排与室内环境联成一体,使居民有一个良好的绿色环境心理感,使人赏心悦目。

(三)道路绿地设计要点及手法

红线范围内行道树绿化设计应将常绿树与落叶树结合,将慢生树与速生树结合,选择绿化、彩化、香化和美化效果良好、品种丰富的园林植物,以整体达到绿、彩、香、美的景观效果。道路绿地设计遵循"一路一特色,一路一景观"的设计理念,形成绚丽缤纷的色彩、简洁明快的线条、富有变化且体现小区风貌的景观道路。道路景观应结合植物主题文化,提炼相应的文化主题,根据居住区主题,选择赋有深厚文化内涵的观赏花木进行造景,创造愉悦的生活空间,充分体现深邃的园林意境。松的永恒、竹的虚心、海棠的娇艳、杨柳的多姿、牡丹的富贵、芍药的尊贵和玫瑰的灼热,都给人不同的感受。不同道路类型,如居住区主干道、居住区次干道、宅前小路应结合相应的路宽采用不同规格、大小的行道树以及设计形式,行道树设计在局部地段应体现层次性,实现乔灌草复层结构相结合(见表8-3)。

表 8-3　不同居住区道路的绿化设计要点

居住区道路分级	绿化设计要点
居住区主干道	采用行道树结合色块,注意安全视距三角形植物高度控制
居住区次干道	采用小乔木结合花灌木,注意建筑周边与种植过渡
宅前小路	建筑与种植过渡

(四)公共建筑及设施专用绿地设计要点及手法

公共建筑及设施专用绿地设计首先应满足自身的功能需要,其次应满足周围环境的要求。设计师可将专用绿地作为分隔住宅组群空间的重要手段,并将其与居住区公共绿地有机地组成居住区绿地系统。

居住区公共建筑及设施专用绿地按使用性质分为教育用地、医疗卫生用地、商业服务用地、文化体育用地、金融邮电用地、社区服务用地、市政公用用地和行政管理用地及其他用地。

居住区公共建筑及设施专用绿地应遵循分级、对口、配套和分散与集中相结合的原则,并与住宅同步规划、建设、使用,如商业服务、金融、文体类集中,教育、卫生类分散,设置在交通方便、人流集中的地段,考虑职工上下班走向,与公共绿地(水面)结合布置,体现城市建筑风貌。停车场应合理布置在主体建筑或公共服务设施附近,方便使用并减少对道路交通干扰。

公共建筑及设施专用绿地设计要点如下。

1. 医疗卫生用地

医疗卫生用地应保证阳光充足,形成良好的生态环境,道路设计应结合特殊群体进行,如无障碍道路设计等。医疗卫生用地可以利用植物、地形、山体、建筑等形成良好的空间边界,利用绿化降低噪声、净化空气等,形成安静、和谐的园林空间,利用色彩丰富的植物消除病人的恐惧与紧张感。医疗卫生用地可以结合可食地景,运用中草药专类园等形式与场地主题文化进行有机融合。

2. 文化体育用地

文化体育用地应尽量平坦,并设置一定大小的集散广场,为居民提供休憩及交往的户外空间。文化体育用地内应有相应的园林设施,如广告牌、灯箱、座椅等,同时应设置一定数量的公共厕所。植物应选择生长速度较快、树冠开展、树姿优美的乔木,结合观赏草花丰富景观层次。体育运动场地应选择耐践踏的、养

护管理简单及生长周期长的草坪。

3. 商业服务用地

商业服务用地旨在为居民提供一个舒适、便利的购物环境,该绿地的园林景观应体现特色性、标志性及指示性,从而增强其商业氛围。商业服务用地内的绿化应考虑周边管线的影响,并注意控制树木种植中心与架空线的水平距离以及植物的净空高度(见图 8-9)。

图 8-9 商业服务用地景观设计

4. 教育用地

教育用地周边绿化应选择生长健壮、病虫害少、无毛无絮、管理粗放的树种,为儿童创造一个轻松、活泼的环境,可设置一定的游戏设施、体育活动场地、文化长廊、休息座椅、花坛等,还可设置一些科普展区,形成开敞且富有变化的活动空间(见图 8-10)。

图 8-10 幼儿园绿地设计

5. 行政管理用地

行政管理用地包括居委会、物业管理中心等用地,绿地内可设置一定的文体设施、广告宣传牌、报栏等,从而丰富居民的文化生活。绿化方面,行政管理用地可栽植庭荫树及果树,结合可食地景元素进行设计,并利用灌木、绿篱等围合形成院落空间,采用滞尘、隔音的植物,形成相对安静的办公区。

❯❯❯ |学生作品赏析| ....

项目名称:杭州萧山区义蓬安置房三期规划设计(马明松)。

项目概况:本项目基地位于杭州市萧山区义蓬镇内,江东大道和钱江大道两大发展轴线穿境而过;基地西侧为横一线,东临义蓬中路,交通便利。本项目的总用地面积为 179 933 m²,分为南,北两个地块,其中南地块的用地面积为 87 729.8 m²,北地块的用地面积为 92 203.2 m²。地块北临黄家湖,南贴龙潭水渠,东面可视市中心,西为金嘉名筑小区。地块位于三面临水,一面紧邻大学的尚水宜居、学术氛围浓烈的区域。

设计理念:贯彻以人为本的思想,以建设生态居住环境为规划目标,营造一个布局合理、功能齐备、交通便捷、绿意盎然、生活方便、具有文化内涵的居住区;注重居住地的生态环境和居住质量,合理分配和使用各项资源,全面体现可持续发展思想,把提高人居环境质量作为规划设计、建筑设计的基本出发点和最终目的;在整体设计时,将地块南面的龙潭水渠绿化带、两个地块之间的小学及两个地块作为一个整体设计,利用景观步行道进行衔接,增加社区认同感,实现资源最大化。徜徉在这条步行街中,你可以经过文化商业街区、电梯、多层住宅区、文化教育区(小学和幼儿园)、高层区、低层区,可以感受多种建筑形象,犹如漫步于波士顿一条著名的文化旅游景线"自由之路"中。步行街为社区增添城市街道的生活感受,提供一个贯穿整个地块的开放交往空间。

杭州萧山区义蓬安置房三期规划设计如图 8-11 至图 8-17 所示。

图 8-11　总体规划设计

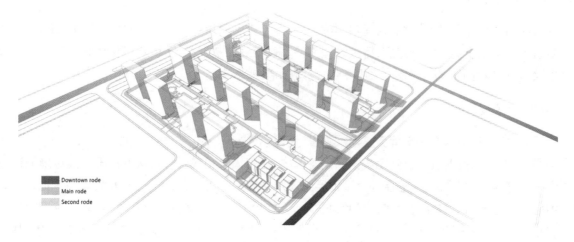

图 8-12　交通分析

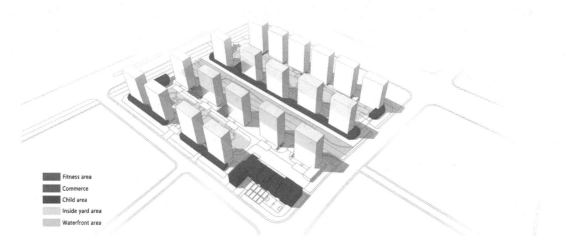

图 8-13　功能分区

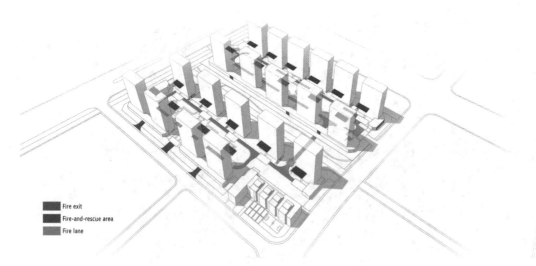

图 8-14　消防分析

图 8-15　南部中庭透视效果图

图 8-16　幼儿园沿街透视效果图

图 8-17 整体鸟瞰效果图

Yuanlin Guihua Sheji

第九章
校园绿地设计

一、校园绿地的特点

校园建设具有学校性质多样化,校舍建筑多样化,师生、员工集散性强及学校所处地理位置、自然条件和历史条件各不相同等特点。校园附属绿地要根据学校自身的特点,因地制宜地进行规划设计、精心施工,才能显出各自的特色并取得优化效果。

(一)与学校性质和特点相适应

校园绿化除遵循一般的园林绿化原则之外,还要与学校性质、类型相结合。校园绿化应体现校园的文化特色。不同性质、不同类型的学校的校园附属绿地设计理念不同,如工科院校要与企业相结合,理科院校要与实验中心相结合,文科院校要与文化设施相结合,林业院校要与林场相结合,农业院校要与农场相结合,医科院校要与医药、医疗相结合,体育、文艺院校要与活动场地相结合等。中小学校园的绿化则要丰富,形式要灵活,以体现青少年学生活泼向上的特点。

(二)与校园建筑风格相呼应

校园内的建筑环境多种多样,不同性质、不同级别的学校的规模、环境状况、建筑风格各不相同。校园绿化要能创造出符合各种建筑功能的绿化美化的环境,使多种多样、风格不同的建筑形体统一在绿化的整体之中,并使人工建筑景观与绿色的自然景观协调统一,达到艺术性、功能性与科学性协调的效果。各种环境绿化相互渗透、相互结合,不仅能使整个校园的环境质量良好,还能体现校园整体美的风貌,如武汉大学校园的樱花,在青砖绿瓦的建筑衬托下更显环境优美。

(三)师生、员工集散性强

在校学生上课、训练、集会等活动频繁、集中,需要有适合较大量的人流聚集或分散的场地。校园绿化要适应这种特点,有一定的集散活动空间,否则即使是优美的园林绿化环境,也会因为不适应学生活动需要而遭到破坏。另外,由于师生、员工聚集机会多,师生、员工的健康问题就显得越发重要。校园绿化建设要以绿化植物造景为主,树种以选择无毒无刺、无污染或无刺激性气味,对人体健康无损害的树木花草为宜;力求实现彩化、香化、富有季相变化的自然景观,以达到陶冶情操、促进身心健康的目标。

(四)学校所处地理位置、自然条件、历史条件各不相同

我国地域辽阔,学校众多,分布广泛,各地学校所处地理位置、土壤性质、气候条件各不相同,学校历史也有差异。校园绿化也应根据这些特点,因地制宜地进行规划、设计和选择植物种类。南方的学校,可以选用亚热带喜温植物;北方的学校,则应选择适合于温带生长环境的植物;在旱、燥气候条件中的学校,应选择抗旱、耐旱的树种;在低洼的地区的学校,则要选择耐湿或抗涝的植物;积水之处的学校,应就地挖池,种植水生植物。具有纪念性、历史性的环境,应设立纪念性景观,或设雕塑,或种植纪念树,或维持原貌,使其成为一块教育园地。

(五)绿地指标要求高

在学校内,教学区、行政管理区、学生生活区、教职工生活区、体育活动区、幼儿教育和卫生保健等功能

分区都应根据国家要求,合理分配绿化用地指标,统一规划,认真建设。据统计,我国高校目前绿地率已达10％,平均每人绿化用地为 4～6 m^2。但按国家规定,要达到人均占有绿地 7～11 m^2,绿地率应超过 30％,今后学校的新建和扩建都要努力达标。如果高校园林绿化结合学校教学、实习园地,则绿地率完全可以达到 30％～50％的绿化指标。所以,对新建院校来说,园林绿地规划应与全校各功能分区规划和建筑规划同步进行,并且可把扩建预留地临时用来绿化。扩建或改建的院校也应保证绿化指标,创建优良的校园环境。

二、校园绿地设计要点

校园绿地根据使用人年龄的不同和教育事业不同阶段的要求,可以分为三个不同的部分:幼儿园校园绿地、中小学校园绿地与大专院校校园绿地。

1. 幼儿园校园绿地设计

幼儿园是对 3～6 岁幼儿进行学龄前教育的机构,主要针对幼儿学龄前的基础早期教育。早期教育是一种启蒙教育。孩子们活泼可爱,对一切都充满了好奇。绿地设计往往注重从形式、色彩等方面来符合孩子们的心理,以活泼、动人、美丽和色彩明快为特点,如常加上一些动物雕塑、卡通人物形象雕塑等。幼儿园包括室内活动场地和室外活动场地两部分。根据活动要求,室外活动场地又分为公共活动场地、自然科学基地和生活杂物用地。

（1）公共活动场地

公共活动场地是儿童游戏活动场地,也是幼儿园重点景观区。该景观区应根据场地大小,结合各种游戏活动器械布置,适当设置小亭、花架、涉水池、沙坑。在活动器械附近,植物以遮阳的落叶乔木为主,角隅处适当点缀花灌木。场地应开阔通畅,不能影响儿童活动。

（2）自然科学基地

自然科学基地包括菜园、果园及小动物饲养地,是培养儿童热爱劳动、热爱科学的基地。有条件的幼儿园可将自然科学基地设置在全园一角,用绿篱隔离,里面种植少量果树、油料、药材等经济植物,或饲养少量家畜、家禽。

（3）场地铺装

整个室外活动场地应该尽量铺设耐践踏的草坪,或者采用塑胶铺地。室外活动场地周围应种植成行的乔木、灌木,形成浓密的防护带,起防风、防尘和隔离噪声的作用。

室外活动场地的铺装和材料色彩要结合这个年龄段儿童的特点来设计,应符合儿童的心理,适合儿童使用,为儿童所喜爱。这些铺装可以做出一些儿童喜欢的艺术形象,如动物形象的图案等,以取得良好的效果。

（4）植物选择

幼儿园校园绿地植物的选择,要考虑儿童的心理特点和身心健康,要选择形态优美、色彩鲜艳、适应性强、便于管理的植物,禁用有飞毛、毒、刺及易引起过敏的植物,如花椒、黄刺梅、漆树、凤尾兰等。同时,建筑周围注意通风、采光,5 m 内不能种植高大乔木。

2. 中小学校园绿地设计

与大专院校相比,中小学学校规模较小、建筑密度大、绿化用地相对紧张。中小学的学生大部分以走读为主,学生在校内停留的时间不长,在校内居住的教师也不是很多。因此,绿地从功能上来讲比较单一,主要以观赏为主。同时,由于中小学生年龄较小、学习任务比较繁重,设计师应该考虑学生的年龄特点,满足

学生休息、活动、放松的需求即可。一般来讲,中小学校园绿地设计主要从以下几个方面着手。

(1)建筑用地周围的绿地设计

中小学建筑用地绿地设计沿道路两侧、广场、建筑周边和围墙边呈条状分布,以建筑为主体,绿地衬托、美化建筑。因此,绿地设计既要考虑建筑物的使用功能,如通风、采光、遮阳、交通集散,又要考虑建筑物的形状、体积、色彩和广场、道路的空间。

大门出入口、建筑门口及庭院可作为校园绿化的重点。绿地设计应结合建筑、广场及主要道路进行绿化布置,注意色彩、层次的对比变化,建花坛、铺草坪、植绿篱、配置四季花木,衬托大门及建筑物入口空间和正立面景观,丰富校园景色。建筑物前后做低矮的基础种植,5 m内不能种植高大乔木。山墙外可种植高大乔木,以防日晒。庭院中也可种植乔木,形成庭荫环境,并可适当设置乒乓球台、阅报栏等文体设施,供学生课余活动之用。

(2)体育场地周围的绿地设计

体育场地主要供学生开展各种体育活动。一般小学的操场较小,经常以楼前、楼后的庭院代替。中学需要单独设立较大的操场,可划分标准运动跑道、足球场、篮球场及其他体育活动用地。

运动场地周围应种植高大遮阳落叶乔木,少种花灌木。地面应铺草皮、尽量不硬化。运动场地要留出较大的空地,满足户外活动需求,并且要视线通透,以保证学生安全和体育比赛的进行。

(3)校园道路绿地设计

校园道路绿地主要考虑功能要求,满足遮阳需要,一般多种植落叶乔木,也可适当点缀常绿乔木和花灌木。另外,学校周围沿围墙种植绿篱或乔灌木林带,与外界环境隔离,避免相互干扰,创造一个相对独立、安静的环境。

(4)校园文化建设

校园应结合园林植物内涵寓意,打造文化景墙、张贴名言、弘扬传统文化、建造读书角,让一草一木、一砖一瓦发挥育人的功能,净化心灵、陶冶情操。

3. 大专院校校园绿地设计

大专院校是培养德智体全面发展的人才的园地。因此,大专院校校园绿地设计除满足基本的使用功能外,更应注重构思和表现主题的含蓄性。同时,大专院校校园绿地设计还应特别注重学校本身所具备的特有文化氛围和特点,并将其贯穿于绿地设计,从而创造出不同特色的校园环境。

大专院校一般面积较大,总体布局形式多样。由于学校规模、专业特点、办学方式以及周围的社会条件的不同,大专院校的功能分区的设置也不尽相同。根据校园的功能区划及园林特色,校园绿地设计主要包括校前区绿地设计、教学科研区绿地设计、学生生活区绿地设计、体育活动区绿地设计、校园道路绿地设计、后勤服务区绿地设计及教工生活区绿地设计。各区用途不同,绿地设计要点也有所不同。

(1)校前区绿地设计

校前区主要是指学校大门、出入门与办公楼、教学楼之间的空间,也称作校园的前庭,是大量行人、车辆的出入口,具有交通集散功能,同时起着展示学校标志、体现校容校貌及形象的作用,一般有一定面积的广场和较大面积的绿化区,是校园重点绿化美化地段之一。学校入口区的绿地要与校门及办公建筑形式相协调,多使用常绿灌木,形成开阔而活泼的景象。校门两侧如果有花墙,可用不带刺的藤本花木进行配植。树以速生树、常绿树为主,形成绿色的带状围墙,减少风沙的侵袭和噪声的干扰。大门外面的绿地应与街景一致,又要有学校的特色。大门及门内的绿地,要以装饰性绿地为主,突出校园安静、庄重、大方的气氛。大门内可设置小广场、草坪、花灌木、常绿小乔木、绿篱、花坛、水池、喷泉和能代表学校特征的雕塑或雕塑群。树木不能遮挡主楼,要有助于衬托主楼的美,与主楼共同组成优美的画面。主楼两侧的绿地可以作为休息绿地。主楼前广场的设计主要以大面积铺装为主,结合基础花坛、草坪、喷泉等园林小品点缀。草坪应以种质优良、绿期长的草种为主,主要体现开阔、简洁的布局风格,适合学生的活动、集会、交流。场地的空间处理应具有较高的艺术性和思想内涵,并富有意趣,有良好的尺度和景观,使自然和人工有机地融为一体。

校前区绿地要与教学科研区衔接过渡,为体现庄重效果,常绿树应占较大比例。

(2)教学科研区绿地设计

教学科研区绿地主要是指教学科研区周围的绿地,一般包括教学楼、实验楼、图书馆以及行政办公楼等建筑周围的绿地,其主要功能是满足全校师生教学、科研的需要,为教学科研工作提供安静优美的学习与研究的氛围,也为学生创造进行课间活动的绿色室外空间。教学科研区绿地一般沿建筑周围、道路两侧呈带状或团块状分布。

教学科研主楼前的广场设计,一般以大面积图案铺装为主,结合花坛、草坪,布置喷泉、雕塑、花架、园灯等园林小品,体现简洁、开阔的景观特色(有的学校也将校前区与其结合起来布置)。

为满足学生休息、集会、交流等活动的需要,教学楼之间的广场空间应注意体现开放性、综合性的特点,同时可结合地形和空间设计小游园。绿地布局在平面上要注意其图案构成和线形设计,以丰富的植物及色彩形成适合师生在楼上俯视的鸟瞰画面;在立面上要与建筑主体相协调,并衬托、美化建筑,使绿地成为该区空间的休闲主体和景观的重要组成部分。教学楼周围的基础绿带,在不影响楼内通风采光的条件下,多种植落叶乔灌木。

礼堂是集会的场所,其正面入口前一般设置集散广场,绿地设计与校前区绿地设计相同,其周围绿地空间较小,内容相对简单。礼堂周围的基础种植以绿篱和装饰树种为主。礼堂外围可根据道路和场地大小,布置草坪、树林或花坛,以便人流集散。

科研实验楼周围的绿化设计,应根据不同性质实验室的特殊要求(如防火、防尘、减噪、采光、通风等),选择合适的树种。有防火要求的实验室的周边不种含油质高及冬季有宿存果、叶的树种;精密仪器实验室的周围不种有飞絮及花粉多的树种;产生强烈噪声的实验室的周围应多种植枝叶粗糙、枝多叶茂的树种,以隔离噪声等。

图书馆是图书资料的储藏之处,为师生教学、科研、学习活动服务,也是学校的标志性建筑,其周围的布局与绿化基本与礼堂相同。

(3)学生生活区绿地设计

学生生活区为学生生活、活动的区域,主要包括学生宿舍、学生食堂、浴室、商店等生活服务设施及部分体育活动器械。该区与教学科研区、体育活动区、校园绿化景区、城市交通及商业服务有密切联系。学生生活区绿地沿建筑、道路分布,比较零碎、分散。但是该区是学生课余生活比较集中的区域,绿地设计要注意满足其功能性需求。

学生生活区绿地应以校园绿化基调为前提,根据场地大小,兼顾交通、休息、活动、观赏等功能,因地制宜地进行设计。食堂、浴室、商店、银行、邮局前要留一定的交通集散及活动场地,周围可留基础绿带,种植花草树木,活动场地中心或周边可设置花坛或种植庭荫树。

学生宿舍区绿地可根据楼间距,结合楼前道路进行设计。楼间距较小时,楼梯口之间只进行基础种植

或硬质铺装。楼间距较大时,楼梯口之间可结合行道树,形成封闭的观赏性绿地,也可布置成庭院式休闲型绿地,还可将铺装地面、花坛、花架、基础绿带和庭荫树结合,形成良好的学习、休闲场地。

（4）体育活动区绿地设计

体育活动区是校园的重要组成部分,是培养学生德、智、体、美、劳全面发展的重要场所,包括大型体育场（馆）、操场、游泳池（馆）、各类球场、器械运动场、健身场等。该区要求与学生生活区有较方便的联系。除足球场草坪外,体育活动区绿地沿道路两侧和场馆周围呈条带状分布。

体育活动区绿地一般在场地四周种植高大乔木,小层配置耐阴的花灌木,形成一定层次和密度的绿荫,能有效地阻止夏季阳光的照射和冬季寒风的侵袭,还能减弱噪声对外界的干扰。

室外运动场地的绿化不能影响体育活动和比赛,以及观众的视线,应严格按照体育场地及设施的有关规范进行。为保证运动员及其他人员的安全,运动场四周可设围栏,并在适当之处设置坐凳,供人们观看比赛。坐凳旁可植落叶乔木遮阳。

体育馆建筑周围应因地制宜地进行基础绿化。

（5）校园道路绿地设计

校园道路是连接校内各区域的纽带,校园道路绿地是学校绿化的重要组成部分。校园道路有笔直的主体干道,有区域之间的环道,有区域内部的小道。主体干道较宽（12～15 m）,两侧种植高大乔木形成林荫。树下可以铺设草坪或方砖。高大乔木之间适当种植绿篱、花灌木,也可以搭配一些草本花卉。道路中间也可以设置 1～2 m 宽的绿化带,可以用矮绿篱或装饰性围栏圈边,中间铺设草坪,可以适当点缀整形树和草本花卉。区域之间的环道比主干道窄一些,一般为 5～6 m,道路两侧栽植整形树和庭荫树,庭荫树之间可以点缀一些花灌木和草本花卉,适当设置一些休息凳,树下铺设草坪或方砖,以提高其观赏效果并便于行人休息。区域内部的小道一般宽 1～2 m,路面为方砖铺设,路边有路牙石或装饰性矮围栏、矮绿篱,与该区的其他绿地构成协调统一的整体美。

（6）后勤服务区绿地设计

后勤服务区分布着为学校提供水、电、热力的设施、各种气体动力站、仓库、维修车间等,占地面积大,管线设施多,既要有便捷的对外交通联系,又要离教学科研区较远,避免相互干扰。后勤服务区绿地也是沿道路两侧及建筑场院周边呈条带状分布的。

水、电、热力设施,其他动力站和仓库在选择配置树种时,要综合考虑防火、防爆等因素。

（7）教工生活区绿地设计

教工生活区为教工生活、居住的区域,主要是居住建筑和道路,一般单独布置,或者位于校园一处并与其他功能区分开,以求安静。教工生活区绿地设计与普通居住区无差别。

❯❯❯ 优秀案例赏析

项目名称:亚利桑那州立大学理工学院景观设计。

项目荣誉:2012 年 ASLA 专业奖,通用设计荣誉奖。

项目概况:美国亚利桑那州立大学理工学院占地 14 000 m²,包括五栋全新的综合教学楼。项目建造目的主要是将之前的空军基地改建为绿树成荫,更适合学习的场所,利用雨水收集,减少热岛效应,在干旱的索诺拉沙漠地区打造出绿色校园景观。

设计理念:设计师将一条现有的柏油马路改建为具有一定渗透性和储水功能的小河,使其流过新建的大楼和校园,使全校师生在日常生活中也能亲近自然,增加了人与人之间的沟通机会,同时也解决了之前柏油马路在雨天经常被淹没的难题。设计师将街道改为渗水式,并沿街创建沙漠景观绿地(并做火灾避险地),在绿地上搭桥让新旧校园的联系不被切断。设计师在科学与技术教学楼庭院中创建河流峡谷,将行政楼之间的人行通道设计为覆盖攀缘植物的棚架。整个校园形成高性能、高利用水的原生景观,创造出怡人的沙漠绿洲校园。

亚利桑那州立大学理工学院景观设计如图 9-1 至图 9-7 所示。

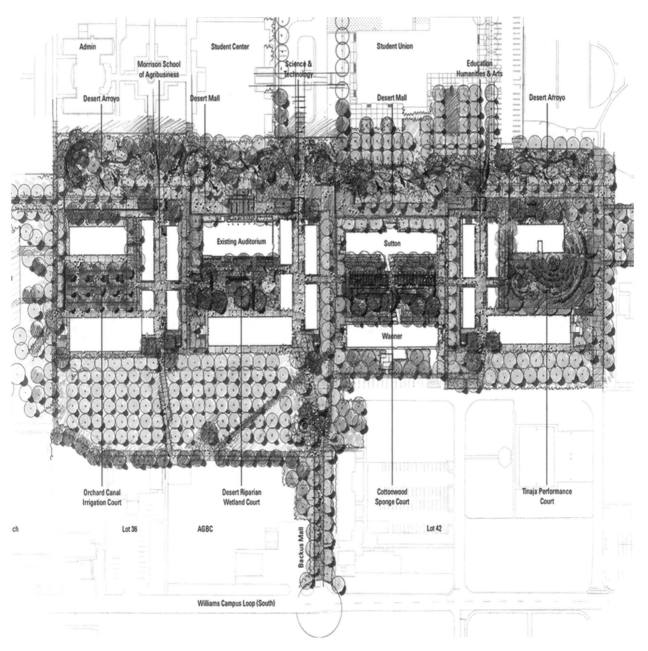

图 9-1 总平面图

（a）改造前　　　　　　　　　　　　　（b）改造后

图 9-2　柏油马路改造前后对比

图 9-3　雨水路径上利用地形和雨水滞留池收集雨水满足植物灌溉的人行天桥

图 9-4　收集雨水的场地

图 9-5　户外学习区种植攀缘植物的廊架

图 9-6　用藤蔓覆盖的通风廊

图 9-7　充满活力的大学校园

参考文献
References

[1] 周维权.中国古典园林史[M].3版.北京:清华大学出版社,2008.

[2] [美]凯文·林奇.城市意象[M].方益萍,何晓军,译.北京:华夏出版社,2001.

[3] 陈志华.外国建筑史(19世纪末叶以前)[M].4版.北京:中国建筑工业出版社,2010.

[4] 吴家骅.环境设计史纲[M].重庆:重庆大学出版社,2002.

[5] 王受之.世界现代设计史[M].2版.北京:中国青年出版社,2015.

[6] 张东初.创造性设计学[M].郑州:河南人民出版社,2001.

[7] 吴家骅.景观形态学[M].北京:中国建筑工业出版社,1999.

[8] 王向荣,林箐.西方现代景观设计的理论与实践[M].北京:中国建筑工业出版社,2002.

[9] 吴为廉.景观与景园建筑工程规划设计[M].北京:中国建筑工业出版社,2005.

[10] 胡长龙.园林规划设计[M].3版.北京:中国农业出版社,2010.

[11] 高成广,谷永丽.风景园林规划设计[M].北京:化学工业出版社,2015.

[12] 赵肖丹,宁妍妍.园林规划设计[M].北京:中国水利水电出版社,2012.

[13] 彭一刚.中国古典园林分析[M].北京:中国建筑工业出版社,1986.

[14] 郦芷若,朱建宁.西方园林[M].郑州:河南科学技术出版社,2002.

[15] 王晓俊.风景园林设计[M].3版.南京:江苏科学技术出版社,2009.

[16] 唐学山,李雄,曹礼昆.园林设计[M].北京:中国林业出版社,1997.

[17] [美]诺曼·K·布思.风景园林设计要素[M].曹礼昆,曹德鲲,译.北京:北京科学技术出版社,2018.

[18] [日]针之谷钟吉.西方造园变迁史:从伊甸园到天然公园[M].邹红灿,译.北京:中国建筑工业出版
     社,1991.

[19] 俞孔坚.理想景观探源[M].北京:商务印书馆,1998.

[20] [美]克莱尔·库柏·马库斯,卡罗琳·弗朗西斯.人性场所——城市开放空间设计导则[M].俞孔坚,
     王志芳,孙鹏,等译.北京:北京科学技术出版社,2020.

[21] [美]莱若·G·汉尼鲍姆.园林景观设计:实践方法[M].5版.宋力主,译.沈阳:辽宁科学技术出版
     社,2003.

[22] 胡晶,汪伟,杨程中.园林景观设计与实训[M].武汉:华中科技大学出版社,2017.

[23] 谷康等.园林规划设计[M].2版.南京:东南大学出版社,2015.

[24] 汪辉,汪松陵.园林规划设计[M].北京:化学工业出版社,2012.

[25] 宋会访.园林规划设计[M].3版.北京:化学工业出版社,2020.

[26] 刘洋,庄倩倩,李本鑫.园林景观设计[M].北京:化学工业出版社,2019.

[27] 吴国玺.风景园林规划与设计[M].北京:科学出版社,2016.

[28] 郭玲,李艳妮.园林规划设计[M].北京:中国农业大学出版社,2021.

[29] 曾艳.风景园林艺术原理[M].天津:天津大学出版社,2015.

[30] 董晓华,周际.园林规划设计[M].北京:高等教育出版社,2021.

[31] 洪丽.园林艺术及设计原理[M].北京:化学工业出版社,2015.

[32] 顾韩.风景园林概论[M].北京:化学工业出版社,2014.

[33] 王晓俊.西方现代园林设计[M].南京:东南大学出版社,2000.

[34] 王浩,王亚军.生态园林城市规划[M].北京:中国林业出版社,2008.

[35] 李铮生.城市园林绿地规划与设计[M].2 版.北京:中国建筑工业出版社,2006.

[36] [美]格兰特·W·里德.园林景观设计:从概念到形式[M].郑淮兵,译.北京:中国建筑工业出版社,2010.

[37] [美]约翰·O·西蒙兹,巴里·W·斯塔克.景观设计学——场地规划与设计手册[M].4 版.朱强,俞孔坚,王志芳,译.北京:中国建筑工业出版社,2009.

[38] [美]伊恩·伦诺克斯·麦克哈格.设计结合自然[M].黄经纬,译.天津:天津大学出版社,2006.

[39] 刘滨谊.现代景观规划设计[M].4 版.南京:东南大学出版社,2017.

[40] 中华人民共和国住房和城乡建设部.CJJ/T 85—2017 城市绿地分类标准[S].北京:中国建筑工业出版社,2018.

[41] 中华人民共和国住房和城乡建设部.CJJ/T 91—2017 风景园林基本术语标准[S].北京:中国建筑工业出版社,2017.

[42] 中华人民共和国住房和城乡建设部.GB 51192—2016 公园设计规范[S].北京:中国建筑工业出版社,2016.

[43] 中华人民共和国住房和城乡建设部.GB 50180—2018 城市居住区规划设计标准[S].北京:中国建筑工业出版社,2018.